普通高等学校"十三五"通用性基础
西南民族大学教材建设基金资助出版

# 软件开发

## 项目实践

RUANJIAN KAIFA

XIANGMU SHIJIAN

主　编／谈文蓉　崔梦天

副主编／吴　蓓

西南交通大学出版社

·成都·

## 内容简介

《软件开发项目实践》较为全面、系统地介绍了当前软件开发领域的理论和实践知识，反映了当前最新的软件开发理论、标准、技术和工具。本书以项目为载体，以任务驱动的方式介绍软件开发中各阶段所需的知识、技术、方法、工具、开发过程，直至项目完成。

本书围绕培养软件开发能力组织内容，全书共 9 章，可作为高等院校计算机、软件等相关专业的软件开发实践的教材或教学参考书，也可作为从事计算机应用开发的软件人员的参考书。

### 图书在版编目（CIP）数据

软件开发项目实践／谈文蓉，崔梦天主编. —成都：西南交通大学出版社，2016.7
普通高等学校"十三五"通用性基础规划教材
ISBN 978-7-5643-4785-7

Ⅰ. ①软… Ⅱ. ①谈… ②崔… Ⅲ. ①软件开发 – 高等学校 – 教材 Ⅳ. ①TP311.52

中国版本图书馆 CIP 数据核字（2016）第 154638 号

普通高等学校"十三五"通用性基础规划教材

**软件开发项目实践**

主编 谈文蓉 崔梦天

| | |
|---|---|
| 责 任 编 辑 | 黄庆斌 |
| 特 邀 编 辑 | 秦明峰 |
| 封 面 设 计 | 墨创文化 |

| | |
|---|---|
| 出 版 发 行 | 西南交通大学出版社<br>（四川省成都市二环路北一段 111 号<br>西南交通大学创新大厦 21 楼） |
| 发行部电话 | 028-87600564　028-87600533 |
| 邮 政 编 码 | 610031 |
| 网　　　址 | http://www.xnjdcbs.com |
| 印　　　刷 | 成都中铁二局永经堂印务有限责任公司 |
| 成 品 尺 寸 | 185 mm × 260 mm |
| 印　　　张 | 8.5 |
| 字　　　数 | 180 千 |
| 版　　　次 | 2016 年 7 月第 1 版 |
| 印　　　次 | 2016 年 7 月第 1 次 |
| 书　　　号 | ISBN 978-7-5643-4785-7 |
| 定　　　价 | 25.00 元 |

课件咨询电话：028-87600533

# 前　言

　　《软件开发项目实践》较为全面、系统地介绍了当前软件开发领域的理论和实践知识，反映了当前最新的软件开发理论、标准、技术和工具。 本书以项目为载体，以任务驱动的方式介绍软件开发中各阶段所需的知识、技术、方法、工具、开发过程，直至项目完成。

　　本书围绕培养软件开发能力组织内容，全书共9章，内容如下：第1章，介绍软件项目开发流程，重点介绍软件开发中容易混淆的一些概念为后续学习做知识准备；第2章介绍项目准备与启动 重点介绍项目章程和可行性分析；第3章，介绍需求分析的过程、步骤、方法和工具；第4章，介绍概要设计与数据库设计，重点介绍了设计方法、设计工具和步骤；第5章，介绍详细设计与人-机界面设计；第6章，介绍面向对象的方法；第7章，介绍编码与编程语言；第8章，介绍软件测试和维护；第9章，介绍具体的案例分析。

　　《软件开发项目实践》可作为高等院校计算机、软件等相关专业的软件开发实践的教材或教学参考书，也可作为从事计算机应用开发的软件人员的参考书。

　　本书工作的开展得到了四川省软件工程专业卓越工程师培养项目以及西南民族大学计算机学院实验基地建设项目的联合资助。

　　本书主要由西南民族大学谈文蓉、崔梦天和吴蓓共同完成。其中谈文蓉负责完成对书稿内容的总体设计以及第1章、第5章理论内容的编写，崔梦天完成总体设计、全书案例开发和案例编写工作以及第3章、第4章、第8章、第9章的编写。吴蓓完成了第6章、第7章理论内容的编写工作。

　　本书在编写过程中得到了多方面的帮助、指导和支持。感谢西南民族大学计算机学院领导，他们为软件工程专业的课程规划与建设付出了大量的心血，也花大量的时间对全书做了通审，并提出了宝贵修改意见。在此书编写过程中，作者参考和引用了大量的书籍和文献资料。在此，也向被引用文献的作者以及给予此书帮助的所有人士表示衷心感谢。

　　由于作者水平有限，书中难免有不足之处，恳请广大读者批评指正，并提出宝贵意见。

作　者
2016 年 5 月

前　言

# 目　录

# 第 1 章　软件项目开发流程

## 1.1　需求分析

### 1. 初步了解用户需求

相关系统分析员初步了解用户需求，用 WORD 写出要开发的系统的主要功能模块，每个功能模块有哪些小功能模块。具体来讲，要做以下一些事：

（1）听取用户的项目介绍；

（2）明白用户的主要需求（用户想干什么，他们的目的是什么）；

（3）收集用户的主要表格（统计与分析表）与表单（往往是今后的软件系统的原始数据的输入界面）；

（4）逐一理解用户的表格与表单（各数据项目的含义）；

（5）把你的理解写成 WORD 文档；

（6）初步定义相关的用户操作界面；

（7）把上述的 WORD 文档提交给用户确认；

（8）重复上述过程，直至你和用户均认为理解了用户的需求。

这一步的特点是：

（1）按用户的思路分析问题；

（2）理解用户的需求为唯一目的；

（3）不要加以归纳、总结、抽象与提高。

### 2. 深入了解和分析需求

系统分析员深入了解和分析需求，根据自己的经验写出一份详细的需求文档。文档越详细，界面越多越好。

这一步的特点是：

（1）融入了开发方的经验与建议（包括工作流程的定义、表单格式的定义、报表格式的定义等）；

（2）尽一切可能让用户理解与接受这一版的系统需求分析说明书，需要用户方的项目负责人签字确认。该版系统分析说明书具有一定的法律效力，可作为软件开发合同的附件。

## 1.2　概要设计

概要设计是面向用户的设计，是用户能看得懂的设计。主要针对下列几个方面进行设计：

（1）软件系统的一层、二层操作界面（点击主界面上的某些菜单显示出二层操作界面。这部分工作可由美工完成）；

（2）功能菜单的布局设计；

（3）主要功能的输入界面设计（表单格式设计）；

（4）主要报表的输出界面（浏览与打印格式）设计；

（5）软件系统的基本处理流程（数据流程）设计；

（6）用户的组织结构设计；

（7）子系统间的接口设计。

概要设计的要点有下列几条：

（1）简洁性；

（2）可视化性，最好能进行软件系统的原型演示；

（3）功能全面性，否则用户会提出异议。

## 1.3　详细设计

详细设计是面向程序员的设计，是指导与规范程序员的代码编制行为的设计。设计工作主要有下列几个方面：

（1）功能模块划分设计，或叫做软件分解结构（PBS）设计；

（2）模块的主要算法（流程图）、接口（入口参数、出口参数，甚至需要指定入出口参数的名称）设计；

（3）页面布局设计（包括页面上所有按钮的功能、点击流程、位置布局等设计）；

（4）数据结构设计（数据库中所有表文件，及各表文件中各字段的名称、类型与宽度等的设计）。

详细设计的目标是：可按功能模块下发软件开发任务，使每个任务均能放心地让程序员去实现，使得程序员在编码阶段没有太大的自由度。

详细设计也许会扼杀某些程序员的聪明才智，但我们赞成这样的口号，叫做"步调一致才能得胜利"。

本阶段的里程碑是《软件系统详细设计说明书》。

## 1.4　编　码

开发者根据《软件系统详细设计说明书》中对数据结构、算法和模块实现等方面的设计要求，开始编写程序，分别实现各模块的功能，从而实现目标系统的功能。

程序员完成各自的功能模块，对各自的模块质量负责，为系统联调做好准备。

## 1.5　测　试

本步骤的目的是测试程序员已编写好的模块，先进行模块测试，然后逐步进行模块与模块之间的系统联调。为了做好测试，测试人员需要依据《系统分析说明书》《软件系统详细设计说明书》来预先编制一本测试计划(非常详细的测试报告，含有测试用例)。

这一步骤的里程碑是:《测试报告》与可交付给用户测试的软件系统。

用户需要独立地进行"用户接收性测试"，用户在这一过程中完成软件系统中各功能的确认（初次验收）。

## 1.6　系统交付

软件测试达到用户的要求后，软件系统开发者应向用户提交开发的安装程序、数据字典、《系统安装手册》《用户使用指南》《需求分析报告》《设计报告》《测试报告》等双方合同约定的产品。

《系统安装手册》应详细介绍安装软件对运行环境的要求，安装软件的定义和内容，在客户端、服务器端及中间件的具体安装步骤，安装后的系统配置等。

作为项目性开发，系统安装由开发方完成;对于软件产品，系统安装由用户自行完成。

《用户使用指南》应包括软件各项功能的使用流程、操作步骤、相应业务介绍、特殊提示和注意事项等方面的内容，在需要时还应举例说明。用户使用手册或指南编写的目标是让用户能依据手册学会软件系统的使用。

## 1.7　项目验收

用户验收。

目标:用户或客户方的相关领导在验收书上签字。

验收手段:一般是开验收会议。

# 第 2 章　项目准备与启动

## 2.1　项目建议书

项目建议书（project proposal），就是项目立项申请报告。它可以比较简要，也可以比较详尽，而重点是如何向有关的投资方或上级阐述立项的必要性。项目建议书的常规内容有：

（1）项目的背景；

（2）项目的意义和必要性；

（3）项目产品或服务的市场预测；

（4）项目规模和期限；

（5）项目建设必需的条件、已具备和尚不具备的条件分析；

（6）投资估算和资金筹措的设想；

（7）市场前景及经济效益初步分析；

（8）其他需要说明的情况。

## 2.2　项目可行性分析

### 2.2.1　问题的定义

问题定义阶段需解决问题是"该软件开发项目要解决什么问题"。

### 2.2.2　可行性研究的任务

可行性研究的目的是用最小的代价在尽可能短的时间内确定问题是否能够解决。也就是说可行性研究的目的不是解决问题，而是确定问题是否值得去解，研究在当前的具体条件下，开发新系统是否具备必要的资源和其他条件。

一般来说，应从经济可行性、技术可行性、运行可行性、法律可行性和开发方案的选择等方面研究可行性。

可行性研究需要的时间长短取决于工程的规模，一般来说，可行性研究的成本只占预期的工程中成本的 5% ~ 10%。

### 2.2.3　可行性研究的步骤

（1）确定系统规模和目标；
（2）分析目前正在使用的系统；
（3）设计出新系统的高层逻辑模型；
（4）评审系统模型；
（5）设计和评价供选择的方案；
（6）推荐一个方案并说明理由；
（7）制定行动方针；
（8）拟定开发计划并书写计划任务书；
（9）编制可行性报告并提交审查。

### 2.2.4　可行性分析前提

（1）当前业务流程分析。
（2）主要功能点需求分析。
（3）系统的非功能需求分析。
①　性能需求；
②　环境需求；
③　安全需求。
（4）一些限制条件的分析。
①　经费来源和使用限制；
②　开发时间限制。
（5）项目资源需求的优先顺序。

### 2.2.5　可行性分析因素

可行性分析因素如图 2-1 所示。

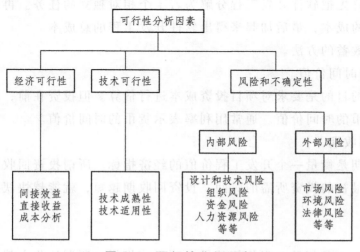

**图 2-1　可行性分析因素**

### 2.2.6 可行性研究工具——系统流程图

系统流程图是描绘物理系统的传统工具。它的基本思想是用图形符号以黑盒子形式描绘系统里面的每个部件（程序、数据库、图表、人工处理等）。系统流程图不同于程序流程图。系统流程图的作用如下：

（1）制作系统流程图的过程是系统分析员全面了解系统业务处理概况的过程，它是系统分析员作进一步分析的依据；

（2）系统流程图是系统分析员、管理人员、业务操作人员相互交流的工具；

（3）系统分析员可直接在系统流程图上拟出可以实现计算机处理的部分；

（4）可利用系统流程图来分析业务流程的合理性。

### 2.2.7 可行性研究方法

（1）成本/效益分析。

成本/效益分析的目的是要从经济角度分析开发一个特定的新系统是否划算，从而帮助使用部门负责人正确地做出是否投资于这项开发工程的决定。

（2）成本估计。

本课程把主要的成本估计方法归并为自顶向下估计、自底向上估计和算法模型估计三类。

（3）费用估计。

① 代码行技术。

一旦估计出源代码行数以后，用每行代码的平均成本乘以行数就可以确定软件的成本。每行代码的平均成本主要取决于软件的复杂程度和工资水平。

② 任务分解技术。

这种方法首先把软件开发工程分解为若干个相对独立的任务。再分别估计每个单独的开发任务的成本，最后加起来得出软件开发工程的总成本。

（4）度量效益的方法。

① 货币的时间价值。

成本估算的目的是要求对项目投资成本进行估算。但投资在前，取得效益在后。因此要考虑货币的时间价值。通常用利率表示货币的时间价值。

② 投资回收期。

投资回收期是衡量一个开发工程价值的经济指标。所谓投资回收期就是使累计的经济效益等于最初的投资所需的时间。投资回收期越短，就能越快获得利润，就越值得投资。

③ 纯收入。

工程的纯收入是衡量工程价值的另一项经济指标。所谓纯收入就是在整个生存期之内系统的累计经济效益（折合成现在值）与投资之差。如果纯收入为零，则工程的预期效益与在银行存款一样。但开发一个软件项目有风险，从经济观点看，这项工程可能是不值得投资的。如果纯收入小于零，那么显然这项工程不值得投资。只有当纯收入大于零，才能考虑投资。

## 2.3  项目章程

### 2.3.1  定  义

项目章程是用来正式确认项目存在并指明项目目标和管理人员的文件，是组织内部管理层对项目的认可。

（1）项目章程是正式批准项目的文件；

（2）该文件授权项目经理在项目活动中动用组织的资源；

（3）项目应尽早选定和委派项目经理；

（4）项目经理任何时候都应在规划开始之前被委派，最好是在制定项目章程之时。

### 2.3.2  项目章程内容

项目章程包括：

（1）项目名称和授权日期；

（2）项目目的或项目立项的理由；

（3）项目经理姓名和联络信息；

（4）简要的范围说明书；

（5）总体里程碑进度表；

（6）计划使用的项目管理方法总结；

（7）角色与职责矩阵图；

（8）项目关系人签名；

（9）主要关系人评述。

### 2.3.3  项目章程示例

**"校园威客平台"项目章程**

项目题目：校园威客平台

项目开始时间：2012.10.10

项目结束：2012.12.1

项目经理：雷昌诚 708912973@qq.com

项目目标：实现校园威客平台的搭建，为校园提供一个平台，用于整合零散的时间，特长，技能，在一定程度上可以实现收益。

项目范围：项目平台主要服务于学生和老师，覆盖全校/区域，为学校师生提供一个良好的平台环境。

建议方式方法：

- 采用 B/S 方式，".NET 语言"编写程序。
- 网络传输和数据库安全性要求。
- 采用 MVC 模式开发。

项目安排：

需求分析：10.10—10.20

概要设计：10.20—10.30

详细设计：10.30—11.10

代码编写：11.10—11.25

项目测试：10.20—12.1

采用开发模型：

该系统开发采用增量模型，如图 2-2 所示。

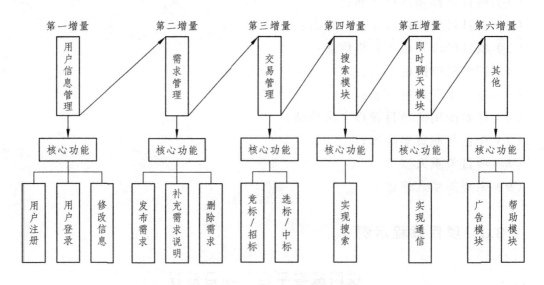

图 2-2 系统开发的增量模型

项目参与人员（表 2-1）：

**表 2-1  项目参与人员**

| 人　员 | 职　责 |
|---|---|
| 雷昌诚 | 管理项目进程 |
| 侍从旺 | 设计，编码 |
| 张君伟 | 文档，测试 |
| 黄晶 | 设计，测试 |
| 薛广亮 | 设计 |
| 刘金 | 文档，测试 |
| 李仁峰 | 编码 |
| 蔡源 | 文档 |

项目签字：雷昌诚

# 第3章 需求分析

## 3.1 需求分析的任务与步骤

### 3.1.1 需求分析的任务

需求分析是软件定义时期的最后一个阶段，它的基本任务是准确地回答"系统必须做什么？"这个问题。需求分析所要做的工作是深入描述软件的功能和性能，确定软件设计的限制和软件同其他系统元素的接口细节，定义软件的其他有效性需求。

通常软件开发项目是要实现目标系统的物理模型，即确定待开发软件系统的系统元素，并将功能和数据结构分配到这些系统元素中。它是软件实现的基础。

需求分析的任务不是确定系统如何完成它的工作，而是确定系统必须完成哪些工作，也就是对目标系统提出完整、准确、清晰、具体的要求。在这个阶段结束时交出的文档中应该包括详细的数据流图（DFD），数据字典（DD）和一组简明的算法描述。

需求分析阶段的具体任务包括下述几方面：

（1）确定目标系统的具体要求。确定系统的运行环境要求；系统的性能要求；系统功能。

（2）分析系统的数据要求。分析系统的数据需求是由系统的信息流归纳抽象出数据元素组成、数据的逻辑关系、数据字典格式和数据模型。并以输入/处理/输出（IPO）的结构方式表示。因此，必须分析系统的数据需求，这是软件需求分析的一个重要任务。

（3）建立目标系统的逻辑模型，就是在理解当前系统需要"怎样做"的基础上，抽取其"做什么"的本质。

（4）修正系统开发计划。

（5）建立原型系统。

（6）编写软件需求规格说明书及评审。

### 3.1.2 需求分析的过程或步骤

（1）调查研究。

（2）描述和分析系统的逻辑模型。

应注意下述两条原则：第一，在分层细化时必须保持信息连续性，也就是说细化前后对应功能的输入/输出数据必须相同；第二，当进一步细化将涉及如何具体地实现一个功能时，也就是当把一个功能进一步分解成子功能后，并将考虑为了完成这些子功能而写出其程序代码时，就不应该再分解了。

（3）编制文档。

在这个阶段应该完成下述四种文档资料：① 系统规格说明——用比较形式化的术语和表示对软件功能构成详细描述，包括：技术合同说明；设计和编码的基础；测试和验收的依据。② 数据要求——数据结构、数据域、数据精度。③用户系统描述。④ 修正的开发计划。

（4）需求分析审查。

### 3.1.3  需求分析的原则

（1）必须能够表达和理解问题的数据域和功能域。
（2）按自顶向下、逐层分解问题。
（3）要给出系统的逻辑视图和物理视图。

### 3.1.4  需求分析评审标准的主要内涵

正确性、无歧义性、完全性、可验证性、一致性、可理解性、可修改性、可追踪性。

### 3.1.5  需求分析方法

大多数的需求分析方法是由数据驱动的，数据域具有三种属性：数据流、数据内容和数据结构。通常，一种需求分析方法总要利用一种或几种属性。

### 3.1.6  需求分析方法的共性

（1）支持数据域分析的机制。
（2）功能表示的方法。
（3）接口的定义。
（4）问题分解的机制以及对抽象的支持。
（5）逻辑视图和物理视图。
（6）系统抽象模型。

### 3.1.7  面向数据流的需求分析方法

结构化分析方法是面向数据流进行需求分析的方法。结构化分析方法使用数据流图 DFD 与数据字典 DD 来描述,面向数据流问题的需求分析适合于数据处理类型软件的需求描述。其核心思想是分解化简问题,将物理与逻辑表示分开,对系统进行数据与逻辑的抽象。

# 3.2 数据流图与数据字典

## 3.2.1 数据流图（DFD）

### 1. 数据流图的含义

数据流图是描述数据处理过程的工具。数据流图从数据传递和加工的角度,以图形的方式刻画数据流从输入到输出的传输变换过程。数据流图是结构化系统分析的主要工具,它表示了系统内部信息的流向,并表示了系统的逻辑处理的功能。

### 2. 数据流图的特性

抽象性、概括性、层次性。

### 3. 数据流图基本符号

（1）数据流图中的主要图形元素。

数据流图的基本图形元素有 4 种,如图 3-1 所示。

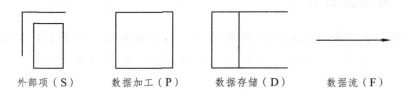

外部项（S）　　　数据加工（P）　　　数据存储（D）　　　数据流（F）

**图 3-1　数据流图基本图形符号**

（2）数据流与加工之间的关系。

"＊"表示相邻的一对数据流之间是"与"关系;

"＋"表示相邻的两个数据流是"或"关系;

"⊕"表示相邻的两个数据流是"异或"的关系。

图 3-2 是一个简单的 DFD。它表示数据流"付款单"从外部项"客户"（源点）流出,经加工"账务处理"转换成数据流"明细账",再经加工"打印账簿"转换成数据流"账簿",最后流向外部项"会计"（终点）,加工"打印账簿"在进行转换时,从数据存储"总账"中读取数据。

（3）分层的数据流图。

数据流图加工关系如图 3-3 所示。

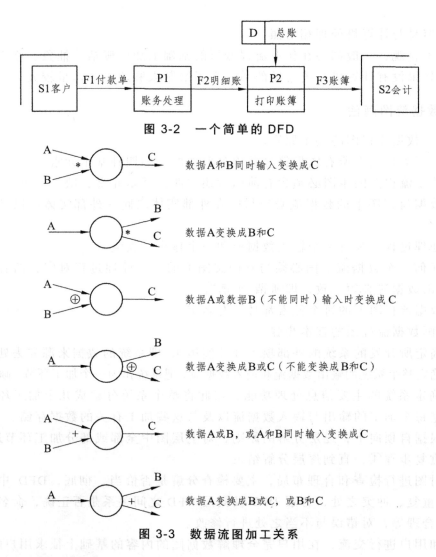

图 3-2　一个简单的 DFD

数据A和B同时输入变换成C

数据A变换成B和C

数据A或数据B（不能同时）输入时变换成C

数据A变换成B或C（不能变换成B和C）

数据A或B，或A和B同时输入变换成C

数据A变换成B或C，或B和C

图 3-3　数据流图加工关系

### 4. 数据流图的用途

数据流图的作用主要有以下几条：

（1）系统分析员用这种工具可以自顶向下分析系统信息流程。

（2）可在图上画出需要计算机处理的部分。

（3）根据数据存储，进一步作数据分析，向数据库设计过渡。

（4）根据数据流向，定出存取方式。

（5）对应一个处理过程，用相应的语言、判定表等工具表达处理方法。

### 5. 数据流图的优缺点

（1）总体概念强，每一层都明确强调"干什么"，"需要什么"，"给出什么"。

（2）可以反映出数据的流向和处理过程。

（3）由于自顶向下分析，容易及早发现系统各部分的逻辑错误，也容易修正。

（4）容易与计算机处理相对照。

（5）不直观，一般都要在作业流程分析的基础上加以概括、抽象、修正来得到。

（6）如果没有计算机系统帮助的话，人工绘制太麻烦，工作量较大。

### 6. 数据流图画法

（1）画数据流程图的基本原则。

① 数据流程图上所有图形符号必须是前面所述的四种基本元素。

② 数据流程图的主图必须含有前面所述的四种基本元素，缺一不可。

③ 数据流程图上的数据流必须封闭在外部实体之间，外部实体可以是一个，也可以是多个。

④ 处理过程至少有一个输入数据流和一个输出数据流。

⑤ 任何一个数据流子图必须与它的父图上的一个处理过程对应，两者的输入数据流和输出数据流必须一致，即所谓"平衡"。

⑥ 数据流程图上的每个元素都必须有名字。

（2）画数据流程图的基本步骤。

① 确定所开发的系统的外部项（外部实体），即系统的数据来源和去处。

② 确定整个系统的输出数据流和输入数据流，把系统作为一个加工环节，画出关联图。

③ 确定系统的主要信息处理功能，按此将整个系统分解成几个加工环节（子系统），确定每个加工的输出与输入数据流以及与这些加工有关的数据存储。

④ 根据自顶向下，逐层分解的原则，对上层图中全部或部分加工环节进行分解。

⑤ 重复步骤④，直到逐层分解结束。

⑥ 对图进行检查和合理布局，主要检查分解是否恰当、彻底，DFD 中各层是否有遗漏、重复、冲突之处，各层 DFD 及同层 DFD 之间关系是否正确，命名、编号是否确切、合理等，对错误与不当之处进行修改。

⑦ 和用户进行交流，在用户完全理解数据图的内容的基础上征求用户的意见。

绘制数据流图过程示意图如图 3-4 所示。

（3）绘制数据流图的注意事项。

① 自顶向下、逐层分解。

② 数据流必须通过加工。

③ 数据存储环节一般作为两个加工环节的界面来安排。

④ 编号。

（4）绘制数据流图举例。

① 储户将填好的取款单、存折交银行，银行做如下处理：

• 审核并查对账目，将不合格的存折、取款单退回储户，合格的存折、取款单送取款处理。

• 处理取款修改账目，将存折、利息单、结算清单及现金交储户，同时将取款单存档。

画出银行取款处理数据流图。

第一步，画出关联数据流图，如图 3-5 所示。注意，现金是实物，不能作为数据流。

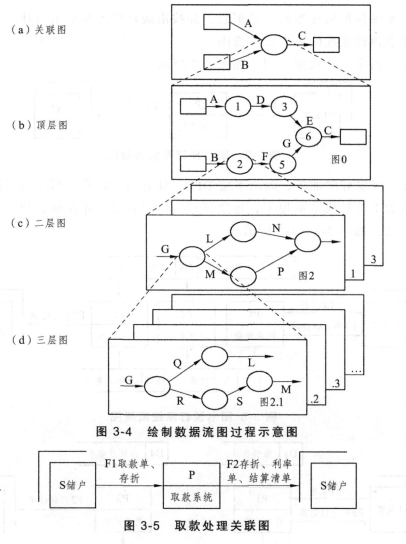

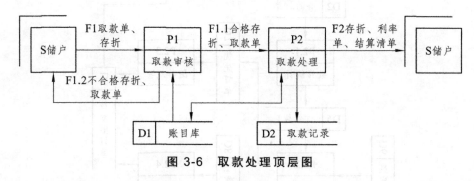

**图 3-4　绘制数据流图过程示意图**

**图 3-5　取款处理关联图**

第二步，逐层分解加工，画出下层 DFD，如图 3-6 所示。

**图 3-6　取款处理顶层图**

② 图书预订系统：书店向顾客发放订单，顾客将所填订单交由系统处理，系统首先依据图书目录对订单进行检查并对合格订单进行处理，处理过程中根据顾客情况和订单数目将订单分为优先订单与正常订单两种，随时处理优先订单，定期处理正常

订单。最后系统根据所处理的订单汇总，并按出版社要求发给出版社。

画出图书预订系统的各层数据流图。

第一步，画出关联数据流图，如图 3-7 所示。

**图 3-7 图书预订系统关联图**

第二步，逐层分解加工，画出下层 DFD。注意根据题意，当绘出系统顶层图后并不能将所有加工分解成基本加工，还要进行二层图分解，并在分解加工过程中逐步充实进数据存储，如图 3-8、3-9 所示。

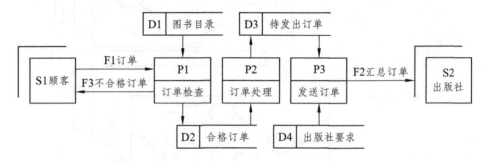

**图 3-8 图书预订系统顶层图**

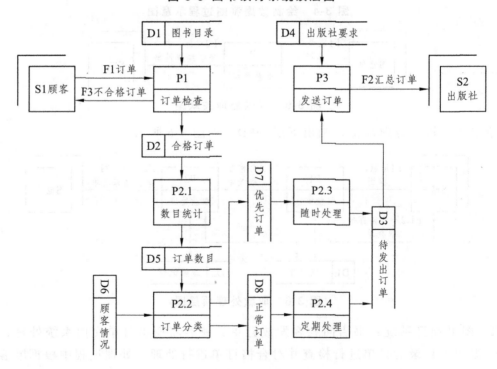

**图 3-9 图书预订系统二层图**

16

### 3.2.2 数据字典

#### 1. 数据字典的定义

数据字典是关于数据的信息的集合，对数据流图中的各个元素做完整的定义与说明，是数据流图的补充工具。数据流图和数据字典共同构成系统的逻辑模型。

#### 2. 数据字典的内容

数据字典由下列六类元素的定义组成。

（1）数据流。

① 数据流名称及其称号；

② 数据流的来源：可能是一个外部实体、处理逻辑、数据存储；

③ 数据流的去处；

④ 数据流的组成：一个数据流可能包括若干个数据结构，若只有一个数据结构，就不需要专门定义；

⑤ 数据流的流通量：单位时间的传输次数；

⑥ 高峰时期的流通量：业务的频繁程度和时间有关。

（2）数据项。

数据项也称数据元素，是"不可再分"的数据单位，是数据的最小组成单位。主要内容有：

① 数据项名称及编号：数据项名称必须唯一地标识这个数据项，以区别于其他数据项；给数据项取名时，要反映该数据项的含义，易于他人理解、记忆。

② 别名：同一数据项的名称可能不止一个，称为别名。

③ 取值的范围和取值的含义。

④ 数据项的长度：指数据项所包含的字符或数字的位数。

（3）数据结构。

① 数据结构的名称及其编号；

② 数据结构的组成：如果是一个简单的数据结构，只要列出它所包含的数据项即可。如果是一个嵌套的数据结构，只需列出它所包含的数据结构名称，因为这些数据结构同样在数据字典中有定义。

（4）数据存储。

数据存储是数据结构停留或保存的场所。主要内容有：

① 数据存储的名称及编号：在DFD中对数据存储给以命名，并编上一个唯一的编号；

② 流入、流出的数据流：流入的数据流指出其来源，流出的数据流指出其去向；

③ 数据存储的组成：指它所包含的数据项或数据结构。

（5）处理逻辑。

主要内容有：

① 处理逻辑的名称及编号；

② 简述：对处理逻辑的简明描述，其目的是使人了解这个处理逻辑是做什么用的；

③ 处理逻辑的输入和输出；

④ 处理逻辑的主要功能；

⑤ 处理逻辑的小说明（文档之一）。

（6）外部实体。

外部实体是系统的"人-机"界面，也就是系统的数据流由外部实体流入，或者系统的数据向外部流出。主要内容有：

① 外部实体的名称及编号；

② 与外部实体有关的数据流。

例如：

① 外部实体名称：供应商；

② 编号：GS03-22；

③ 简述：向本公司供应货物的个人和单位；

④ 有关的数据流。数据元素的别名就是该元素的其他等价的名字，出现别名主要有下述三个原因：

● 对于同样的数据，不同的用户使用了不同的名字；

● 一个分析员在不同时期对同一个数据使用了不同的名字；

● 两个分析员分别分析同一个数据流时，使用了不同的名字。

虽然应该尽量减少出现别名，但是不可能完全消除别名。

### 3. 定义数据的方法

由数据元素组成数据方式的基本类型：

（1）顺序：以确定次序连接两个或多个分量；

（2）选择：从两个或多个可能的元素中选取一个；

（3）重复：把指定的分量重复零次或多次；

（4）可选：一个分量是可有可无的。

### 4. 数据字典的用途

（1）作为分析工具；

（2）包含了对每个数据元素的控制信息；

（3）是开发数据库的第一步。

### 5. 数据字典的特点

（1）通过名字能方便查询数据定义；

（2）没有冗余；

（3）尽量不重复在规格说明的其他组成部分中已经出现的信息；

（4）容易更新和修改；

（5）能单独处理描述每个数据元素信息；

（6）定义的书写方法简单方便而且严格。

## 3.3　需求规格说明书

需求分析应交付的主要文档是需求规格说明。

### 3.3.1　软件需求规格说明的一般格式

（1）引言；

（2）任务概述；

（3）数据描述；

（4）功能要求；

（5）性能需求；

（6）运行需求；

（7）其他要求；

（8）附录。

### 3.3.2　需求分析的评审

需求分析的评审必须从一致性、完整性、现实性和有效性等四个不同角度验证软件需求的正确性。

## 3.4　案例："校园威客平台"需求分析说明书

1　引　言

　1.1　标　识

　　1.1.1　B/S 结构

　　1.1.2　标　题

　1.2　系统概述

# 1 引 言

开发校园威客项目的目的主要是为了让广大学生更好地互相交流、学习、解决一些生活和学习方面的需求等。让大学四年生活更加充实、绚丽多彩。

## 1.1 标 识

1.1.1 B/S（Browser/Server）结构，即浏览器/服务器模式，是 WEB 兴起后的一种网络结构模式，WEB 浏览器是客户端最主要的应用软件。

1.1.2 标题：校园威客需求分析说明书。

## 1.2  系统概述

"校园威客"平台致力于搭建一个第三方平台，为师生提供一个可靠平台，提供一个相互交流的平台，系统采用 B/S 方式，兼容各大主流浏览器，运行平台 Windows 操作系统，此系统有利于将闲散的时间、特长、技能整合在一起，为师生提供更好的服务，解决生活学习等多方面的问题，在一定程度上可以实现一定收益。

## 1.3  文档概述

该文档主要用于客户、项目经理、项目成员阅读，用于研究项目的实现以及项目需要实现的功能模块。

## 2  系统总体功能需求

### 2.1  总体功能需求

主要功能：

（1）用户管理。

实现对用户基本信息的管理：包括用户注册、信息修改。

（2）需求管理。

实现对发布需求的管理，包括发布需求信息、修改需求信息、删除需求信息。

（3）交易管理。

实现整个交易的管理，包括进行交易和结束交易两个过程。

### 2.2  硬件总体功能需求

服务器端：网络服务器一台，1 GB 容量。

客户端：无特殊要求，能上网的计算机一台即可。

### 2.3  软件总体功能需求

服务器端：搭载数据库 SQL2010。

客户端：无特殊要求，浏览器访问即可。

## 3  软件需求说明

### 3.1  总系统模块

根据校园威客平台所需要的功能，系统主要实现用户信息管理、用户需求管理和用户交易管理等三方面，总系统模块如图 3-10 所示。

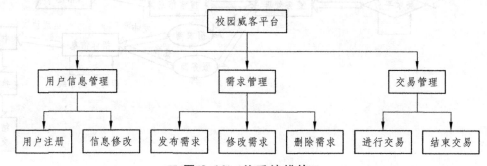

图 3-10  总系统模块

其中主要模块如图 3-11 所示。

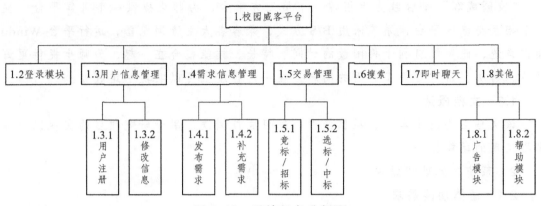

图 3-11　系统任务分解图

### 3.1.1　用户信息管理

实现用户信息注册，修改用户信息。

### 3.1.2　需求管理

实现需求的发布、删除（用户无权限）、修改（补充说明）、查阅。

### 3.1.3　交易管理

实现管理交易的状态：正在进行，已经结束的交易。

## 3.2　业务流程图

用户通过该平台首先注册账号，系统将数据保存在后台数据库中。注册成功后，用户登录本系统，可以修改个人基本信息，搜索需要的相关信息为用户服务，需求商可以在该系统平台上发布相关信息进行招标，服务商可以投标参与竞标，在此期间需求商和服务商可以通过即时交流系统或者采用留言方式对细节进行商谈，需求商选标，服务商中标后完成任务，关闭交易，交易结束。系统业务流程图如图 3-12 所示。

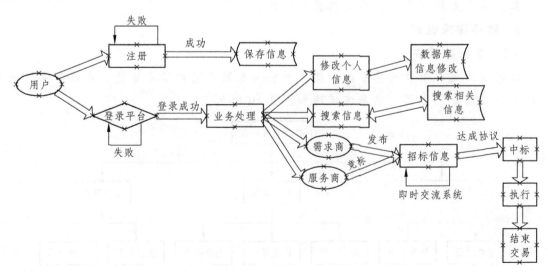

图 3-12　系统业务流程图

### 3.3 各个子系统介绍

#### 3.3.1 用户注册模块

用户需在该平台注册账号，方能进行一系列操作，保存用户信息。

#### 3.3.2 登录模块

该模块主要实现用户用已有的账号在平台进行登录。

#### 3.3.3 搜索模块

该模块主要实现用户可以搜索自己感兴趣，或者有某方面需求的信息。

#### 3.3.4 帮助模块

该模块主要实现对新手的指引，介绍基本方法和操作流程。

#### 3.3.5 信息发布模块

该模块主要实现及时发布最新信息，发布更新等信息。

#### 3.3.6 广告模块

该模块主要实现在平台预留或者植入部分广告位置。

#### 3.3.7 友情链接模块

该模块主要实现对于用户点击率高的常用的网站给予支持。

#### 3.3.8 即时聊天模块

该模块主要实现在竞标和招标中，为需求商和服务商提供一个即时聊天的工具，商谈具体细节，也作为日后意外的凭证。

#### 3.3.9 竞标/中标模块

该模块主要实现需求商与服务商达成协议，实现具体的操作。

### 3.4 安全性要求

本系统采用 B/S 的方式，采用网络通信，应用数据库，本系统应保护数据之间的传递，以及数据库的完全，防止数据被盗用、注入等。

此外，在健壮性方面：该平台具有一定的处理异常能力。

本系统采用三层架构 MVC 框架进行编写。

### 3.5 设计约束

技术约束

扩展性：该平台可易于扩展和维护。

### 3.6 环境约束

运行本软件需要奔腾 133 以上 PC，内存需要在 16 兆以上，对使用设备的速度、规模要求不高。

### 3.7 标准约束

该软件的开发完全按照企业标准开发，包括硬件、软件和文本规格。

## 4 需求变化跟踪表

需求变化跟踪表如表 3-1 所示。

表 3-1 需求变化跟踪表

| 序号 | 提出时间 | 需求标题 | 简要描述 | 客户名称 | 解决情况 |
|------|----------|----------|----------|----------|----------|
|      |          |          |          |          |          |
|      |          |          |          |          |          |

# 第4章　概要设计与数据库设计

## 4.1　概要设计的任务与步骤

### 4.1.1　概要设计任务

（1）系统分析员审查软件计划、软件需求分析提供的文档，提出候选的最佳推荐方案，用系统流程图，组成系统物理元素清单、成本效益分析和系统进度计划，供专家审定，审定后进入设计。

（2）确定模块结构，划分功能模块，将软件功能需求分配给所划分的最小单元模块。确定模块间的联系，确定数据结构、文件结构、数据库模式，确定测试方法与策略。

（3）编写概要设计说明书，用户手册，测试计划。选用相关的软件工具来描述软件结构，结构图是经常使用的软件描述工具。选择分解功能与划分模块的设计原则，例如，模块划分独立性原则，信息隐蔽原则等。

（4）概要设计后转入详细设计（又称过程设计，算法设计），其主要任务是根据概要设计提供的文档，确定每一个模块的算法，内部的数据组织，并选定工具清晰正确表达算法。编写详细设计说明书，详细测试用例与计划，用到如何确定程序的复杂程度的程序图，算法流程图的表述工具，如 PAD 图、N-S 图等。

### 4.1.2　概要设计的过程

在概要设计过程中要先进行系统设计，复审系统计划与需求分析，确定系统具体的实施方案；然后进行结构设计，确定软件结构。一般步骤如下：

S1：设计系统方案；

S2：选取一组合理的方案；

S3：推荐最佳实施方案；

S4：功能分解；

S5：软件结构设计；

S6：数据库设计、文件结构的设计；

S7：制订测试计划；

S8：编写概要设计文档；

S9：审查与复审概要设计文档。

## 4.2 软件设计的概念和原则

### 4.2.1 软件设计的概念与原则

软件设计概念与原则的主要内容包括有：

（1）将软件划分成若干独立成分的依据；

（2）怎样表示不同的成分内的功能细节和数据结构；

（3）怎样统一衡量软件设计的技术质量。

### 4.2.2 模块化

模块是数据说明、可执行语句等程序对象的集合，模块可以单独被命名而且可通过名字来访问，例如，过程、函数、子程序、宏等等都可作为模块。

### 4.2.3 抽象与逐步求精

软件工程过程的每一步都是对软件解法的抽象层次的一次精化。逐步求精与抽象是紧密相关的。

### 4.2.4 信息隐蔽和局部化

信息隐藏的法则建议，由设计决定所刻画的模块特性应该对其余的模块不可见。换句话说，模块应被设计和指定为：包含在模块内部且其他模块不可访问的内容对其他模块来说是不需要的。

信息隐藏意味着软件的模块化可以通过定义一组独立的模块来实现，这些模块相互之间只进行实现软件功能所必须的通信。

局部化与信息隐藏是一对密切相关的概念。局部化就是指将一些使用上密切相关的元素尽可能放在一起。对一个模块来说，局部化是期望模块所使用的数据尽可能是在模块内部定义的。因此，局部化意味着减少模块之间的联系，有助于实现模块之间的信息隐藏。

在软件测试和维护期间经常需要修改一些模块的内容。信息隐藏和局部化降低了模块之间的联系，使得在修改一个模块时对其他模块的影响降到最低。因此，将信息隐藏和局部化作为设计标准，给测试或今后的维护期间需要修改系统时带来了很大的好处。

### 4.2.5 模块独立性

模块独立性是软件系统中每个模块只涉及软件要求的具体子功能，与软件系统中其他的模块接口是简单的。

模块独立的概念是模块化、抽象、信息隐蔽和局部化概念的直接结果。

（1）模块独立性的重要性。

① 具有独立的模块的软件比较容易开发出来。这是由于能够分割功能而且接口可以简化，当许多人分工合作开发同一个软件时，这个优点尤其重要。

② 独立的模块比较容易测试和维护。这是因为相对来说，修改设计程序需要的工作量比较小，错误传播范围小，需要扩充功能时能够"插入"模块。总之，模块独立是优秀设计的关键，而设计又是决定软件质量的关键环节。

模块的独立程度可以由两个定性标准度量，这两个标准分别称为内聚和耦合。耦合衡量不同模块彼此间互相依赖（连接）的紧密程度；内聚衡量一个模块内部各个元素彼此结合的紧密程度。

（2）耦合。

耦合是对一个软件结构内各个模块之间互连程度的度量。耦合强弱取决于模块间接口的复杂程度，调用模块的方式，以及通过接口的信息。

具体区分模块间耦合程度的强弱的标准如下：

① 非直接耦合；

② 数据耦合；

③ 控制耦合；

④ 公共环境耦合；

⑤ 内容耦合；

⑥ 标记耦合；

⑦ 外部耦合。

总之，耦合是影响软件复杂程度的一个重要因素。应该采取的原则是：尽量使用数据耦合，少用控制耦合，限制公共环境耦合的范围，完全不用内容耦合。

（3）内聚。

内聚标志一个模块内各个元素彼此结合的紧密程度，它是信息隐蔽和局部化概念的自然扩展。简单地说，理想内聚的模块只做一件事情，包括以下几种情况：

① 偶然内聚；

② 逻辑内聚；

③ 时间内聚；

④ 过程内聚；

⑤ 通信内聚；

⑥ 信息内聚；

⑦ 功能内聚。

## 4.2.6 结构设计原则

软件概要设计包括模块构成的程序结构和输入/输出数据结构。其目标是产生一个模块化的程序结构，并明确模块间的控制关系，以及定义界面、说明程序的数据，有利于后期调整程序结构和数据结构。

### 4.2.7  改进软件设计、提高软件质量的原则

（1）显著改进软件结构，提高模块独立性；
（2）模块规模应该适中；
（3）适当选择深度、宽度、输出和输入；
（4）模块的作用域应该在控制域之内；
（5）力争降低模块接口的复杂程度；
（6）设计单入口单出口的模块；
（7）模块功能应该可以预测。

# 4.3  面向数据流的设计方法

Jackson（JSD，Jackson System Development）系统开发方法是一种典型的面向数据结构的分析设计方法。Jackson 系统开发方法的系统模型就是相互通信的一组进程的集合。进程间的通信方式有以下三种：① 进程同步发生；② 通过数据通道发送/接收活动发生；③ 访问公用存储信息。

（1）Jackson 图表达基本结构。

对于种类繁多的程序中使用的数据结构，各数据元素之间的逻辑关系只有顺序、选择、重复三种，所以逻辑数据结构也只有三种：

① 顺序结构；
② 选择结构；
③ 重复结构。

（2）改进的 Jackson 图。

Jackson 图的缺点是：用这种图形工具表示选择或重复结构时，选择条件或循环结束条件不能直接在图上表示出来，影响了图的表达能力，也不易直接把图翻译成程序。此外，框间连线为斜线，不易在行式打印机上输出。

（3）如何使用 Jackson 图。
① 表示数据结构。
用 Jackson 图表示表 4-1 所示的二维表格。

表 4-1  用 Jackson 图表示学生名册表的数据结构

这个 Jackson 图首先声明了该学生名册表格由表头和表体两部分组成。其中表头又顺序包括表名和字段名。而表体可由任意行（0 行或多行）组成，每行包括学生的姓名、性别、班级和学号。班级是本科的，学号项是本科生学号；班级是研究生的，学号项是研究生学号。

② 表示程序结构。

例如，要用 Jackson 图表示产生上面的学生名册文件的程序的程序结构：把学生名册生成为一个计算机文件，则该程序结构可以用 Jackson 图来表示，如图 4-1 所示。

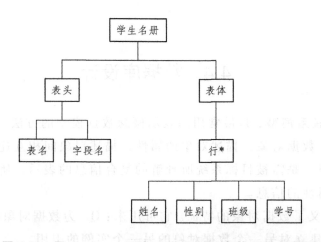

图 4-1 用 Jackson 图表示学生名册表的程序结构图

③ Jackson 伪代码。

● 顺序结构。

顺序结构的伪码如下，其中'seq'和'end'是关键字：

A seq

B

C

D

A end

● 选择结构。

'select'、'or'，和'end'是关键字，cond1、cond2 和 cond3 分别是执行 B、C 或 D 的条件，选择结构对应的伪码如下。

A select condl

B

A or cond2

C

*29*

A or cond3

D

A end

● 重复结构。

'iter'、'until'、'while'和'end'是关键字（重复结构有 until 和 while 两种形式），cond 是条件，重复结构对应的伪码如下。

A iter until（或 while）　cond

B

A end

# 4.4　数据库设计

模型即实体-联系模型，是最常用的表示概念数据模型的方法。数据模型包括三种互相关联的信息：数据对象，描述对象的属性，描述对象间相互连接的关系。

（1）数据对象：是需被目标系统所理解的复合信息的表示。所谓复合信息是具有若干不同特征或属性的信息。

（2）属性：定义了数据对象的特征。它可用来：① 为数据对象的实例命名；② 描述这个实例；③ 建立对另一个数据对象的另一个实例的引用。

（3）关系：各个数据对象的实例之间有关联。实例的关联有三种：① 一对一（1∶1）；② 一对多（1∶m）；③ 多对多（n∶m）。

数据库设计步骤：

（1）问题描述；

（2）设计步骤：ER 模型；建立关系；规范化。

# 4.5　概要设计文档

概要设计说明书的主要内容及结构如下：

## 概要设计说明书

一、引言

二、任务概述

三、总体设计

四、接口设计

五、数据结构设计

六、运行设计

七、出错处理设计

八、安全保密设计

九、维护设计

# 4.6 案例:"校园威客平台"概要设计说明书

目录

## 1 系统总体目标

总体设计目的如下。

校园威客平台致力于搭建一个第三方平台,为师生提供一个可靠平台,解决生活学习等多方面的问题,在一定程度上可实现功能概述:校园威客平台主要实现对用户的管理,需求管理,交易管理三个方面。实现的功能如图4-2所示。

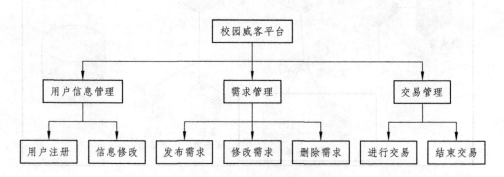

图 4-2 系统功能图

（1）用户管理功能：实现对用户基本信息的管理。

（2）需求管理功能：实现对发布需求的管理。

（3）交易管理功能：实现整个交易的管理。

## 1.1 总体技术路线

校园威客平台整体采用 B/S 方式，兼容各大主流浏览器，运行平台 Windows 操作系统。

## 1.2 系统总体框架和功能概述

系统架构如图 4-3 所示。

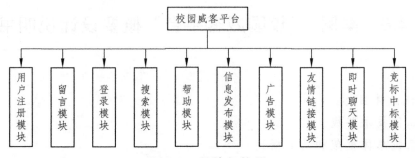

图 4-3 系统架构图

## 1.3 系统网络以及软硬件环境

### 1.3.1 系统详细设计

网络拓扑图如图 4-4 所示。

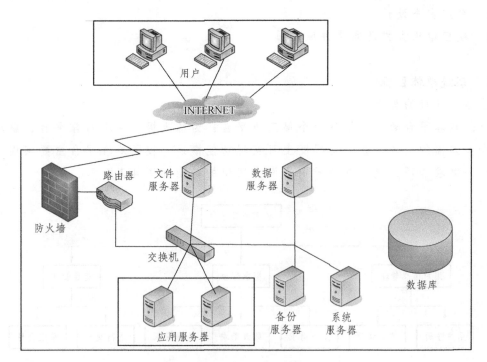

图 4-4 网络拓扑图

32

### 1.3.2 服务器环境

服务器端软硬件环境：网络服务器一台，1 GB 容量；搭载数据库 SQL Server 2010。

### 1.3.3 客户端环境

客户端软硬件环境：无特殊要求，能访问浏览器可上网的计算机一台即可。

## 2 系统安全设计

本系统采用 B/S 的方式，采用网络通信，运用数据库。本系统应保护数据之间的传递，以及数据库的完全，防止数据被盗用、注入等。

此外，在健壮性方面，该平台具有一定的处理异常能力。

## 3 项目组织方式及实施进度安排

项目参与人员如表 4-2 所示。

表 4-2　项目参与人员

| 人　员 | 职　责 |
| --- | --- |
| 雷昌诚 | 管理项目进程 |
| 侍从旺 | 设计，编码 |
| 张君伟 | 文档，测试 |
| 黄晶 | 设计，测试 |
| 薛广亮 | 设计 |
| 刘金 | 文档，测试 |
| 李仁峰 | 编码 |
| 蔡源 | 文档 |

进度计划如下：

需求分析：10.10—10.20

概要设计：10.20—10.30

详细设计：10.30—11.10

代码编写：11.10—11.25

项目测试：10.20—12.1

时间计划表如图 4-5 所示。

| | ⓘ | 任务模式 | 任务名称 | 工期 | 开始时间 | 完成时间 | 前置任务 | 资源名称 | 添加新列 |
|---|---|---|---|---|---|---|---|---|---|
| 1 | ✓ | 🚀 | - 需求分析 | **9 个工作日** | **2012年10月10日** | **2012年10月20日** | | **雷昌诚, 蔡源** | |
| 2 | ✓ | 🚀 | 需求获取 | 1 个工作日 | 2012年10月10日 | 2012年10月10日 | | 全队人员 | |
| 3 | ✓ | 🚀 | 分析需求简单制定需求规格书 | 2 个工作日 | 2012年10月11日 | 2012年10月12日 | | 雷昌诚, 蔡源 | |
| 4 | ✓ | 🚀 | 完善需求规格说明书 | 3 个工作日 | 2012年10月15日 | 2012年10月17日 | | 雷昌诚, 蔡源 | |
| 5 | ✓ | 🚀 | 需求规格书确认 | 3 个工作日 | 2012年10月18日 | 2012年10月20日 | | 雷昌诚, 蔡源 | |
| 6 | ✓ | 🚀 | 项目规划 | 7 个工作日 | 2012年10月10日 | 2012年10月18日 | | 雷昌诚 | |
| 7 | ✓📖 | 🚀 | - 概要设计 | **9 个工作日** | **2012年10月21日** | **2012年10月31日** | 1 | **张君伟, 刘金** | |
| 8 | ✓ | 🚀 | 网络拓扑图 | 3 个工作日 | 2012年10月21日 | 2012年10月23日 | | 刘金, 张君伟 | |
| 9 | ✓ | 🚀 | WBS任务分解 | 2 个工作日 | 2012年10月24日 | 2012年10月25日 | | 刘金, 张君伟 | |
| 10 | ✓ | 🚀 | 编写概要设计说明书 | 2 个工作日 | 2012年10月26日 | 2012年10月28日 | | 刘金, 张君伟 | |
| 11 | ✓ | 🚀 | 确定概要设计说明书 | 3 个工作日 | 2012年10月29日 | 2012年10月31日 | | 刘金, 张君伟 | |
| 12 | 👤 | 🚀 | - 详细设计 | **8 个工作日** | **2012年11月1日** | **2012年11月11日** | 7 | **侍从旺, 黄晶, 薛广亮** | |
| 13 | 👤 | 🚀 | 界面设计 | 3 个工作日 | 2012年11月1日 | 2012年11月4日 | | 薛广亮 | |
| 14 | 👤 | 🚀 | 数据库设计 | 2 个工作日 | 2012年11月5日 | 2012年11月6日 | | 黄晶, 侍从旺 | |
| 15 | 👤 | 🚀 | 编写详细设计说明书 | 3 个工作日 | 2012年11月7日 | 2012年11月9日 | | 黄晶, 侍从旺, 薛广亮 | |
| 16 | 👤 | 🚀 | 确定详细设计说明书 | 2 个工作日 | 2012年11月10日 | 2012年11月11日 | | 黄晶, 侍从旺, 薛广亮 | |
| 17 | 📖👤 | 🚀 | - 编码实现 | **13 个工作日** | **2012年11月12日** | **2012年11月28日** | 12 | **雷昌诚, 李仁峰, 侍从** | |
| 18 | 👤 | 🚀 | 用户信息管理 增量1 | 3 个工作日 | 2012年11月12日 | 2012年11月14日 | | 雷昌诚, 李仁峰, 侍从旺 | |
| 19 | 👤 | 🚀 | 需求管理 增量2 | 3 个工作日 | 2012年11月15日 | 2012年11月17日 | | 雷昌诚, 李仁峰, 侍从旺 | |
| 20 | 👤 | 🚀 | 交易管理 增量3 | 3 个工作日 | 2012年11月19日 | 2012年11月21日 | | 雷昌诚, 李仁峰, 侍从旺 | |
| 21 | 👤 | 🚀 | 搜索功能 增量4 | 3 个工作日 | 2012年11月22日 | 2012年11月24日 | | 雷昌诚, 李仁峰, 侍从旺 | |
| 22 | 👤 | 🚀 | 即时聊天 增量5 | 3 个工作日 | 2012年11月25日 | 2012年11月27日 | | 雷昌诚, 李仁峰, 侍从旺 | |
| 23 | 👤 | 🚀 | 其它模块 增量6 | 3 个工作日 | 2012年11月28日 | 2012年11月28日 | | 雷昌诚, 李仁峰, 侍从旺 | |
| 24 | 👤 | 🚀 | - 软件测试 | **32 个工作日** | **2012年10月20日** | **2012年12月1日** | | **张君伟, 刘金, 黄晶** | |
| 25 | 👤 | 🚀 | 需求分析查错 | 1 个工作日 | 2012年10月22日 | 2012年10月22日 | 5 | 黄晶, 刘金, 张君伟 | |
| 26 | 👤 | 🚀 | 概要设计查错 | 1 个工作日 | 2012年11月1日 | 2012年11月1日 | 11 | 黄晶, 刘金, 张君伟 | |
| 27 | 👤 | 🚀 | 详细设计查错 | 1 个工作日 | 2012年11月12日 | 2012年11月12日 | 16 | 黄晶, 刘金, 张君伟 | |
| 28 | 👤 | 🚀 | 集成测试 | 1 个工作日 | 2012年11月29日 | 2012年11月29日 | 17 | 黄晶, 刘金, 张君伟 | |
| 28 | 👤 | 🚀 | 集成测试 | 1 个工作日 | 2012年11月29日 | 2012年11月29日 | 17 | 黄晶, 刘金, 张君伟 | |
| 29 | 👤 | 🚀 | 黑盒测试 | 1 个工作日 | 2012年11月29日 | 2012年11月29日 | | 黄晶, 刘金, 张君伟 | |
| 30 | 👤 | 🚀 | 编写软件测试报告书 | 2 个工作日 | 2012年11月30日 | 2012年12月1日 | | 黄晶, 刘金, 张君伟 | |
| 31 | | 🚀 | 软件上交 | 7 个工作日 | 2012年12月3日 | 2012年12月11日 | 24 | 全队人员 | |

图 4-5　时间计划表

34

# 第5章 详细设计与人-机界面设计

## 5.1 详细设计概述

### 5.1.1 详细设计的任务

详细设计的目的是为软件结构图（SC 图或 HC 图）中的每一个模块确定使用的算法和块内数据结构，并用某种选定的表达工具给出清晰的描述。

这一阶段的主要任务：

（1）为每个模块确定采用的算法，选择某种适当的工具表达算法的过程，写出模块的详细过程性描述。

（2）确定每一模块使用的数据结构。

（3）确定模块接口的细节，包括对系统外部的接口和用户界面，对系统内部其他模块的接口，以及模块输入数据、输出数据及局部数据的全部细节。

在详细设计结束时，应该把上述结果写入详细设计说明书，并且通过复审形成正式文档。交付给下一阶段（编码阶段）作为工作的依据。

（4）为每一个模块设计出一组测试用例，以便在编码阶段对模块代码（即程序）进行预定的测试。模块的测试用例是软件测试计划的重要组成部分，通常包括输入数据，期望输出等内容。

### 5.1.2 详细设计的原则

由于详细设计的蓝图是给人看的，所以模块的逻辑描述要清晰易读、正确可靠。采用结构化设计方法，改善控制结构，降低程序的复杂程度，从而提高程序的可读性、可测试性、可维护性。其基本内容归纳为如下几点。

（1）程序语言中应尽量少用 GOTO 语句，以确保程序结构的独立性。

（2）使用单入口单出口的控制结构，确保程序的静态结构与动态执行情况相一致。保证程序易理解。

（3）程序的控制结构一般采用顺序、选择、循环三种结构来构成，确保结构简单。

（4）用自顶向下逐步求精方法完成程序设计。结构化程序设计的缺点是存储容量和运行时间增加 10% ~ 20%，但易读易维护性好。

（5）经典的控制结构为顺序，IF THEN ELSE 分支，DO-WHILE 循环。扩展的还有多分支 CASE，DO-UNTIL 循环结构，固定次数循环 DOWHILE。

（6）选择恰当描述工具来描述各模块算法。

# 5.2 详细设计的工具

## 5.2.1 设计工具

### 1. 图形工具

利用图形工具可以把过程的细节用图形描述出来。

（1）程序流程图。

程序流程图独立于任何一种程序设计语言，比较直观、清晰，易于学习掌握。但流程图也存在一些严重的缺点。例如流程图所使用的符号不够规范，常常使用一些习惯性用法。特别是表示程序控制流程的箭头可以不受任何约束，随意转移控制。这些现象显然是与软件工程化的要求相背离的。为了消除这些缺点，使用流程图描述结构化程序，必须限制流程图只能使用图 5-1 所给出的五种基本控制结构。

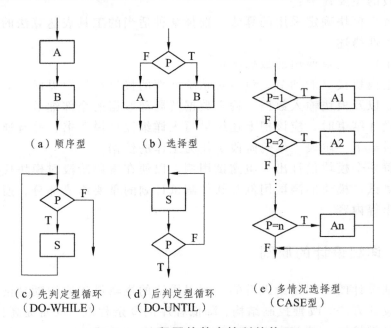

（a）顺序型　　　　　（b）选择型

（c）先判定型循环　　（d）后判定型循环　　（e）多情况选择型
（DO-WHILE）　　　　（DO-UNTIL）　　　　（CASE型）

**图 5-1　流程图的基本控制结构图**

任何复杂的程序流程图都应由这五种基本控制结构组合或嵌套而成。作为上述五种控制结构相互组合和嵌套的实例，图 5-2 给出一个程序的流程图。图中增加了一些虚线构成的框，目的是便于理解控制结构的嵌套关系。显然，这个流程图所描述的程序是结构化的。

（2）N-S 图。

Nassi 和 Shneiderman 提出了一种符合结构化程序设计原则的图形描述工具，叫做盒图，也叫做 N-S 图。为表示五种基本控制结构，在 N-S 图中规定了五种图形构件，如图 5-3 所示。

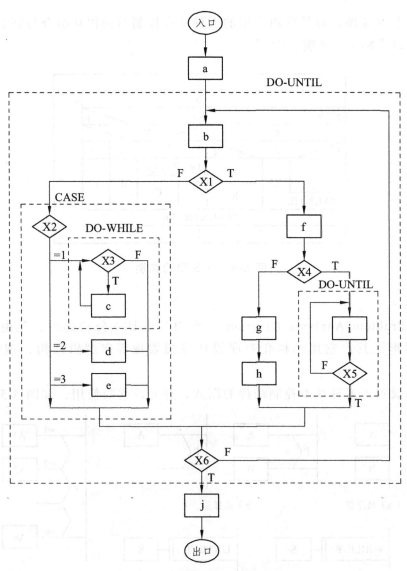

**图 5-2 嵌套构成的流程图实例**

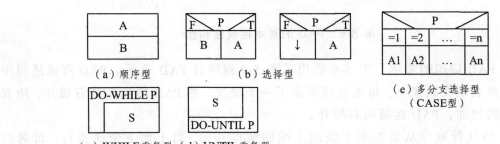

（a）顺序型　　　　　（b）选择型

（e）多分支选择型
（CASE型）

（c）WHILE重复型　（d）UNTIL重复型

**图 5-3　N-S 图的五种基本控制结构图**

　　为说明 N-S 图的使用，仍用图 5-2 给出的实例，将它用如图 5-4 所示的 N-S 图表示。

任何一个 N-S 图，都是前面介绍的五种基本控制结构相互组合与嵌套的结果。当问题很复杂时，N-S 图可能很大。

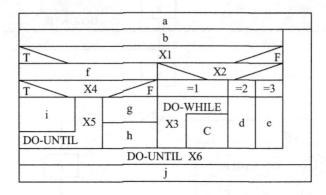

图 5-4　N-S 图的实例

（3）PAD。

PAD（Problem Analysis Diagram），它由日本日立公司提出，是由程序流程图演化来的图形工具，它用结构化程序设计思想表现程序逻辑结构，现在已为 ISO 认可。

PAD 也设置了五种基本控制结构的图式，并允许递归使用，如图 5-5 所示。

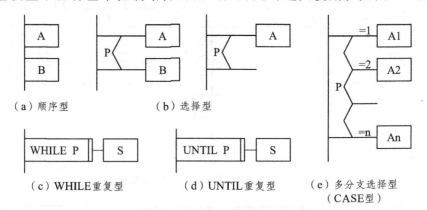

图 5-5　PAD 的基本控制结构图

作为 PAD 应用的实例，图 5-6 给出了图 5-2 程序的 PAD 表示。PAD 所描述程序的层次关系表现在纵线上。每条纵线表示了一个层次。把 PAD 图从左到右展开，随着程序层次的增加，PAD 逐渐向右展开。

PAD 的执行顺序从最左主干线的上端的结点开始，自上而下依次执行。每遇到判断或循环，就自左而右进入下一层，从表示下一层的纵线上端开始执行，直到该纵线下端，再返回上一层的纵线的转入处。如此继续，直到执行到主干线的下端为止。

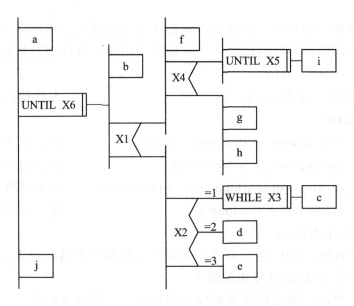

图 5-6　PAD 实例

（4）判定表。

当算法中包含多重嵌套的条件选择时，用程序流程图、盒图、PAD 图或后面即将介绍的过程设计语言（PDL）都不易清楚地描述。然而判定表却能够清晰地表示复杂的条件组合与应做的动作之间的对应关系。

一张判定表由四部分组成：① 左上部列出所有条件；② 左下部是所有可能做的动作；③ 右上部为各种可能组合条件，其中每一列表示一种可能组合；④ 右下部的每一列是和每一种条件组合所对应的应做的工作。

判定表的优点是能够简洁、无二义性地描述所有的处理规则。但判定表表示的是静态逻辑，是在某种条件取值组合情况下可能的结果，它不能表达加工的顺序，也不能表达循环结构，因此判定表不能成为一种通用的设计工具。

（5）判定树。

判定表虽然能清晰地表示复杂的条件组合与应做的动作之间的对应关系，但其含义却不是一眼就能看出来的，初次接触这种工具的人要理解它需要有一个简短的学习过程。此外，当数据元素的值多于两个时，判定表的简洁程度也将下降。

判定树是判定表的变种，也能清晰地表示复杂的条件组合与应做的动作之间的对应关系。其优点在于它的形式简单，易于掌握和使用，是一种比较常用的系统分析和设计的工具。

（6）PDL（Program Design Language）。

PDL 是一种用于描述功能模块的算法设计和加工细节的语言，称为设计程序用语言。它是一种伪码。一般地，伪码的语法规则分为"外语法"和"内语法"。外语法应当符合一般程序设计语言常用语句的语法规则；而内语法可以用英语中一些简单的句子、短语和通用的数学符号，来描述程序应执行的功能。

PDL 就是这样一种伪码。它具有严格的关键字外语法，用于定义控制结构和数据结构，同时表示操作和条件的内语法又是灵活自由的，可使用自然语言的词汇。下面举一个例子，来看 PDL 的使用。

**PROCEDURE** spellcheck **IS**                    查找错拼的单词
    **BEGIN**
        split document into single words          把整个文档分离成单词
        lood up words in dictionary               在字典中查这些单词
        display words which are not in dictionary  显示字典中查不到的单词
        create a new dictionary                   造一新字典
    **END** spellcheck

从上例可以看到，PDL 语言具有正文格式，很像一个高级语言。人们可以很方便地使用计算机完成 PDL 的书写和编辑工作。

PDL 作为一种用于描述程序逻辑设计的语言，具有以下特点。

① 有固定的关键字外语法，提供全部结构化控制结构、数据说明和模块特征。属于外语法的关键字是有限的词汇集，它们能对 PDL 正文进行结构分割，使之变得易于理解。为了区别关键字，规定关键字一律大写，其他单词一律小写。

② 内语法使用自然语言来描述处理特性。内语法比较灵活，只要写清楚就可以，不必考虑语法是否有错，以利于人们可把主要精力放在描述算法的逻辑上。

③ 有数据说明机制，包括简单的（如标量和数组）与复杂的（如链表和层次结构）的数据结构。

④ 有子程序定义与调用机制，用以表达各种方式的接口说明。

使用 PDL 语言，可以做到逐步求精：从比较概括和抽象的 PDL 程序起，逐步写出更详细的更精确的描述。

### 2. 表格工具

可用一张表来描述过程的细节，在这张表中需要列出各种可能的操作和相应的条件。

### 3. 语言工具

用某种高级语言（称之为伪码）来描述过程的细节。

### 5.2.2 详细设计规格说明与复审

# 5.3　人-机界面基本概念

人-机界面是软件开发环境的重要组成部分，其好坏直接影响软件系统的质量，从而影响软件产品的竞争力和寿命，因此，必须对人-机界面设计给以足够重视。

### 5.3.1 人-机界面设计问题

在设计用户界面的过程中，几乎总会遇到下述四个问题：系统响应时间、用户帮助设施、出错信息处理和命令交互。

### 5.3.2 人-机界面设计过程

用户界面设计是一个迭代的过程，也就是说，通常先创建设计模型，再用原型实现这个设计模型，并由用户试用和评估，然后根据用户的意见进行修改。

### 5.3.3 人-机界面实现的原则

① 一致性；
② 减少步骤；
③ 及时提供反馈信息；
④ 提供撤销命令；
⑤ 无须回忆；
⑥ 易学；
⑦ 富有吸引力；
⑧ 遵循菜单屏幕设计原则；
⑨ 错误处理。

### 5.3.4 人-机界面的评价

评价是人-机界面设计的重要组成部分，但往往被设计者忽视。对界面设计的质量评价通常可用四项基本要求衡量：界面设计是否有利于用户目标的完成；界面学习和使用是否容易；界面使用效率如何；设计的潜在问题有哪些。

## 5.4 案例：“校园威客平台”详细设计说明书

目录
1 引言
  1.1 目的
  1.2 项目背景
  1.3 参考资料
  1.4 阅读对象

# 1　引　言

## 1.1　目　的

本文档的目的是确定怎样具体实现"校园威客"系统，即经过这个阶段的设计工作，可以得出对"校园威客"系统的精确描述，从而在编码阶段可以把这个描述直接翻译成用 C#和 SQL 等语言的 B/S 模式的网页应用程序。

### 1.2 项目背景

"校园威客"系统主要应用于各学校的师生，可以将学校的师生闲散的时间、特长、技能整合在一起，为师生提供更好的服务，解决生活学习等多方面的问题，在一定程度上可以实现一定收益。

### 1.3 参考资料

### 1.4 阅读对象

本文档的主要阅读对象是设计人员和程序员，阅读内容及对象如表 5-1 所示。

表 5-1 阅读内容及对象

| 名 称 | 出版社 | 主 编 | 版本号 |
|---|---|---|---|
| ASP.NET 动态网页开发教程 | 清华大学出版社 | 程不功 龙跃进 卓琳 | 第 2 版 |
| 数据库系统概论 | 高等教育出版社 | 王珊 萨师煊 | 第 4 版 |
| C#开发大全 | 人民邮电出版社 | 安剑 刘彬彬 | 第 2 版 |
| 需求规格说明书 | 无 | 组员 | 无 |
| 概要设计说明书 | 无 | 组员 | 无 |

## 2 设计概述

### 2.1 任务需求概述

对"校园威客"系统有一个精确的描述，设计出程序的"蓝图"，以后程序员可以根据这个"蓝图"写出实际的程序代码。

#### 2.1.1 需求概述

"校园威客"平台致力于搭建一个第三方平台，为师生提供一个可靠平台，提供一个相互交流的平台，系统采用 B/S 方式，兼容各大主流浏览器，运行平台 Windows 操作系统，此系统有利于将闲散的时间、特长、技能整合在一起，为师生提供更好的服务，解决生活学习等多方面的问题，在一定程度上可以实现一定收益。

主要功能：

1. 用户管理

实现对用户基本信息的管理，包括用户注册、信息修改。

2. 需求管理

实现对发布需求的管理，包括发布需求信息、修改需求信息、删除需求信息。

3. 交易管理

实现整个交易的管理，包括进行交易和结束交易两个过程。

### 2.2 运行环境概述

本软件可以在 Win7 操作系统下运行，中心数据库为 SQL Server 2008。

### 2.3 条件与限制

由于资金有限，组员技术有限，此系统主要面向在校的师生。

### 2.4 详细设计方法和工具

主要采用 E-R 图、业务流程图等。

## 3 系统详细设计

### 3.1 功能模块详细设计

#### 3.1.1 程序静态结构图

程序静态结构图如图 5-7 所示。

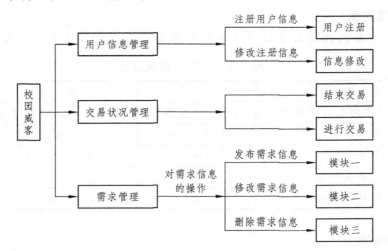

**图 5-7 程序静态结构图**

#### 3.1.2 流程图

该系统流程图如图 5-8 所示。

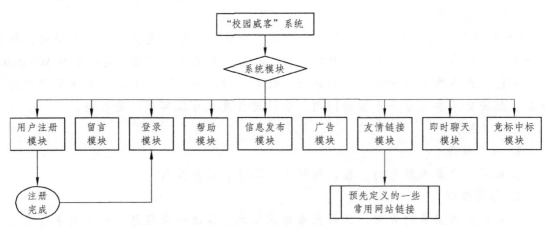

**图 5-8 系统流程图**

### 3.2 用户界面详细设计

本系统主要采用简约的弹出风格的主流网页界面设计，用户为在校师生。客户可以先进行注册，再用注册的信息登录，继而可以进行信息的发布，参与竞标、进行即时信息聊天、留言等功能。设计管理人员可以对数据库中的信息进行修改。

### 3.2.1　用户注册界面

该系统用户注册界面如图 5-9 所示。

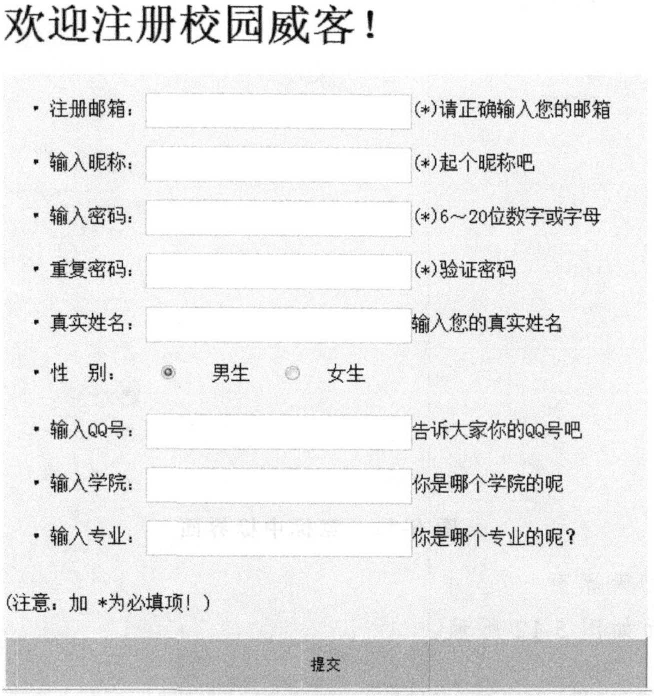

# 欢迎注册校园威客！

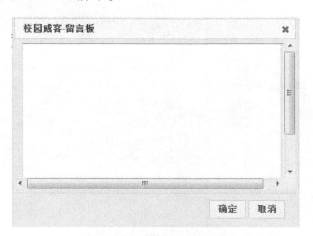

图 5-9　系统用户注册界面

### 3.2.2　留言界面

该系统留言界面如图 5-10 所示。

图 5-10　系统留言界面

### 3.2.3　竞标中标界面

竞标中标界面如图 5-11 所示。

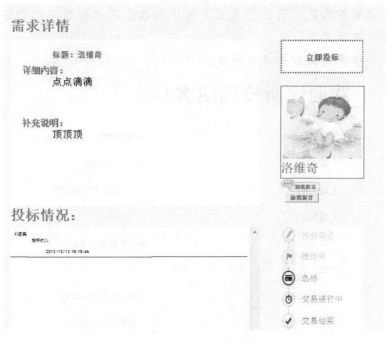

图 5-11　竞标中标界面

### 3.2.4　即时聊天界面

即时聊天界面如图 5-12 所示。

图 5-12　即时聊天界面

## 4 数据库系统设计

### 4.1 数据库设计

#### 4.1.1 设计依据

数据库被访问的频度最大为 0.005，最大数据存储量大概为 100 万。

#### 4.1.2 数据库选型及特点

主流的数据库主要包括 MySQL(开源)、SQL Server(微软)、Oracle(甲骨文)、DB2(IBM)等。由于我们所做的系统基于 Windows 操作系统，且较为小型，所以选择的数据库为 SQL Server。

### 4.2 数据表及字典设计

#### 4.2.1 数据表

用户信息表（UserInfo）如表 5-2 所示。

表 5-2　用户信息表（UserInfo）

| 字段名 | 数据类型 | 长度 | 小数位 | 允空否 | 备注 |
|---|---|---|---|---|---|
| Id | Int | | | Not Null | Id，主键，自增长 |
| uerName | Varchar | 20 | | Not Null | 用户名，账号 |
| name | Varchar | 20 | | Null | 姓名 |
| sex | char | 2 | | Not Null | 性别 |
| headImgUrl | varchar | 50 | | Null | 头像路径 |
| uerPWD | Varchar | 20 | | Not Null | 用户密码 |
| degree | Int | | | Not Null | 用户等级 |
| errorTimes | Int | 1 | | Not Null | 密码错误次数，初始值 0，最大值为 3 |
| Email | Varchar | 50 | | Not Null | Email |
| QQ | Varchar | 15 | | Null | QQ 号 |
| academy | Varchar | 30 | | Null | 学院 |
| major | Varchar | 30 | | Null | 专业 |

广告表（AD）如表 5-3 所示。

表 5-3　广告表（AD）

| 字段名 | 数据类型 | 长度 | 小数位 | 允空否 | 备注 |
|---|---|---|---|---|---|
| Id | Int | | | Not Null | Id，主键，自增长 |
| title | Varchar | 20 | | Not Null | 广告名称 |
| status | Int | | | Not Null | 广告状态(1 有效，0 无效) 初始值 1 |
| contentText | Varcahr | 50 | | Null | 广告内容 |
| link | Varcahr | 50 | | Null | 广告链接 |
| imageUrl | Varchar | 30 | | Null | 图片路径 |

留言表（LeaveMessage）如表 5-4 所示。

表 5-4　留言表（LeaveMessage）

| 字段名 | 数据类型 | 长度 | 小数位 | 允空否 | 备　注 |
|---|---|---|---|---|---|
| Id | int | | | Not Null | Id，主键，自增长 |
| fromId | int | | | Not Null | 写留言者的 id，外键 |
| toId | int | | | Not Null | 收留言者的 id，外键 |
| time | date | | | Not Null | 时间 |
| forId | int | | | Null | 如果是回复别人的留言，forId 表示你要恢复的那条留言的 id，外键 |
| contentText | Varchar | 100 | | Not Null | 留言内容 |
| status | Int | | | Not Null | 状态（1：已读，0：未读），初始值为 0 |

即时聊天（Chatting）如表 5-5 所示。

表 5-5　即时聊天（Chatting）

| 字段名 | 数据类型 | 长度 | 小数位 | 允空否 | 备　注 |
|---|---|---|---|---|---|
| Id | int | | | Not Null | Id，主键，自增长 |
| fromId | int | | | Not Null | 写信息者的 id，外键 |
| toId | int | | | Not Null | 读信息者的 id，外键 |
| content | Varchar | 100 | | Not Null | 信息内容 |
| Time | Time | | | Not Null | 时间 |
| status | boolean | | | Not Null | 状态（已读/未读） |

投标（SumbitTender）如表 5-6 所示。

表 5-6　投标（SumbitTender）

| 字段名 | 数据类型 | 长度 | 小数位 | 允空否 | 备　注 |
|---|---|---|---|---|---|
| Id | int | | | Not Null | Id，主键，自增长 |
| sumbiterId | int | | | Not Null | 投标者 id，外键 |
| tenderId | int | | | Not Null | 标书 id，外键 |
| time | date | | | Not Null | 投标时间 |
| content | varchar | 200 | | Not Null | 内容描述 |

中标如表 5-7 所示。

表 5-7　中标

| 字段名 | 数据类型 | 长度 | 小数位 | 允空否 | 备　注 |
|---|---|---|---|---|---|
| Id | Int | | | Not Null | Id，主键，自增长 |
| name | Varchar | 20 | | Not Null | 标书名称 |
| senderId | Int | 20 | | Not Null | 发布者 id，外键 |
| type | Int | 6 | | Not Null | 种类（1：学习，2：旅游，3：交友，4：生活，5：设计，6：其他） |
| winnerId | Int | 20 | | Null | 中标者 id，外键 |
| starTime | Datetime | | | Not Null | 发布时间 |
| endTime | Datetime | | | Not Null | 结束时间 |
| tenderStatus | Int | | | Not Null | 标书状态(1：有效，0：无效)，初始值为 1 |
| businessStatus | int | | | Not Null | 交易状态，初始值为 0。0：未进行，1：进行中，2：交易失败，3：交易成功 |

## 4.2.2　数据字典

```
名字：广告信息
别名：
描述：在网页界面的广告信息
定义：广告信息=ID 号+广告名称+广告状态+广告内容+广告链接+图片
位置：各界面
```

```
名字：标书信息
别名：
描述：发布的标书信息
定义：标书信息=ID+标书名称+发布者 ID+种类+发布时间+结束时间+标书状态
位置：选标后的界面
```

```
名字：留言表信息
别名：
描述：为留言提供平台发布
定义：留言表信息 = ID 号+ 写留言者 + 收留言者 + 时间 + 回复留言 ID + 留言内容+
状态
```

```
名字：聊天窗口信息
别名：
描述：聊天弹出窗口的信息
定义：聊天窗口信息 = ID 号 + 写信息者 + 读信息者 + 信息内容
+ 时间 + 状态
```

## 5  系统可维护性设计

### 5.1  系统的可靠性和安全性

#### 5.1.1  系统安全性

系统具有安全性，包括网络系统、主机系统、数据存取系统、数据传输系统的安全性，数据备份和灾难恢复的可靠性。为保证系统软件、应用软件及数据安全，系统严格选用操作系统平台、开发平台，设计防病毒功能，保护系统数据，并建立备份系统，定期自动进行全量及增量备份。在系统中采用射频证卡作为身份识别，并在关键信息的处理以及传输中采用加密处理，防止信息被未授权访问，确保系统的不可攻击性。

本系统开发平台为:Windows7，数据库为：SQL Server 2008。

#### 5.1.2  网络运行的可靠性

可靠性包括网络运行的可靠性、各硬件设备的可靠性、所运行软件的可靠性，并在系统中加入掉电保护、数据备份等手段来保证系统的正常、长期的运行。

### 5.2  系统扩充

所谓可扩充性，是指根据实际的要求，系统可被方便地裁减和灵活的扩展，使系统能适应变化和新情况。本系统设计采用模块化程序设计方法，便于以后的修改及扩充。系统硬件的连接采用标准化接口，便于和其他系统的连接。

### 5.3  错误处理

#### 5.3.1  出错类别

断电，网络线路故障，交易流量超载等。

#### 5.3.2  出错处理

对于未知的错误及时反馈进行修改，力争做好用户体验度，添加服务。

### 5.4  系统调整及再次开发问题

系统向前兼容，数据库采用开放式的结构，可以导出为各种通用格式的数据，并提供对应格式数据的导入功能，当系统需要调整及更新换代时，可以实现平滑升级。

## 6  关键技术

### 6.1  关键技术的提出

"校园威客"系统涉及的关键问题是安全交易问题，提高系统的安全性技术是"校园威客"系统的关键。

### 6.2  关键技术的一般说明

（1）用户信息安全。

（2）网络安全：一般采用三种网络相结合的架构。

（3）数据安全：① 通过制定一套完整的密钥管理体系，来保证客户投标及注册过程的安全性和终端机使用的安全性；② 数据库服务器的数据备份；③ 软件安全。

# 第6章 面向对象的方法

## 6.1 面向对象方法的基本原理

### 6.1.1 面向对象方法概述

面向对象不仅是一些具体的软件开发技术与策略，而且是一整套关于如何看待软件系统与现实世界的关系，以什么观点来研究问题并进行求解，以及如何进行系统构造的软件方法学。而面向对象方法是一种运用对象、类、继承、封装、聚合、消息传送、多态性等概念来构造系统的软件开发方法。

### 6.1.2 面向对象方法的主要优点

（1）与人类习惯的思维方法一致。

（2）稳定性好。

（3）可重用性、可维护性好。

### 6.1.3 传统方法学的缺点

（1）生产率提高的幅度远不能满足需要。

（2）软件重用程度很低。

（3）软件仍然很难维护。

（4）软件往往不能真正满足用户需要。

出现上述问题的原因很多，最根本的在于僵化的瀑布模型和结构化技术的缺点。

### 6.1.4 面向对象的定义

（1）一种使用对象（它将属性与操作封装为一体）、消息传送、类、继承、多态和动态绑定来开发问题域模型之解的范型。

（2）一种基于对象、类、实例和继承等概念的技术。

（3）用对象作为建模的原子。

### 6.1.5 面向对象的基本概念和特征

对象（Object）：在系统分析和系统构造中，对象是对客观世界事物的一种抽象，是由数据（属性）及其上操作（行为）组成的封装体。

类（Class）：是对具有相同数据和相同操作的一组相似对象的定义。

实例（Instance）：是由某个特定的类所描述的一个具体的对象。

消息（Message）：是要求某个对象在定义它的那个类中所定义的某个操作的规格说明。

方法（Method）：是对象所能执行的操作，也就是类中所定义的服务。

属性（Attribute）：是类中所定义的数据。

继承（Inheritance）：是指能够直接获得已有的性质和特征，而不必重复定义它们。

多态性（Polymorphism）：指子类对象可以像父类对象那样使用，同样的消息既可以发送给父类对象，也可以发送给子类对象。

重载（Overloading）：分函数重载和运算符重载，前者指在同一作用域内的若干个参数特征不同的函数可以使用相同的函数名字；后者是指同一个运算符可以施加于不同类型的操作数上面。

面向对象的方法：

具有四个要点：① 客观世界是由各种对象组成的；② 所有对象划分成各种对象类；③ 按照子类（派生类）和父类（基类）的关系，把若干个对象类组成一个层次结构的系统（类等级）；④ 对象彼此之间仅能通过传递消息互相联系。

面向对象的建模：

用面向对象方法开发软件，通常需要建立 3 种模型：对象模型、动态模型和功能模型。

① 对象模型：描述静态结构，定义做事情的实体。

② 功能模型：描述处理（数据变换），指明系统应"做什么"。

③ 动态模型：描述交互过程，规定什么时候做。

# 6.2 面向对象的分析

面向对象分析的关键是识别出问题域内的对象，并分析它们相互间的关系，最终建立起问题域的简洁、精确、可理解的正确模型。

### 6.2.1 OOA 的基本过程

通常，OOA 过程从分析陈述用户的需求的文件开始。复杂问题（大型系统）的典型模型由 5 个层次构成：主题层、类对象层、结构层、属性层、服务层。

从理论上讲，OOA 大体上按照下列顺序进行：寻找类对象，识别结构，识别主题，定义属性，建立动态模型，建立功能模型，定义服务。但在实际中分析不可能严格地按预定顺序执行，尤其是大型复杂系统的模型需要反复构造多遍才能执行。

### 6.2.2　OOA 方法

目前已经衍生许多种 OOA 方法。每种方法都有各自的进行产品或系统分析的过程，有一组可描述过程演进的图形标识，以及能使得软件工程师以一致的方式建立模型的符号体系。现在广泛使用的 OOA 方法有以下几种：① Booch 方法；② Rumbaugh 方法；③ Coad 和 Yourdon 方法；④ Jacobson 方法；⑤ Wirfs－Brock 方法；⑥ 统一的 OOA 方法（UML）。

# 6.3　面向对象设计

分析是提取和整理用户需求，并建立问题域精确模型的过程。设计则是把分析阶段得到的需求转变成符合成本和质量要求的、抽象的系统实现方案的过程。从 OOA 到 OOD，是一个逐渐扩充模型的过程。或者说，OOD 是用面向对象观点建立求解域模型的过程。尽管分析和设计的定义有明显区别，但是在实际的软件开发过程中两者的界限是模糊的。

### 6.3.1　启发规则

所谓优秀设计，就是权衡了各种因素，从而使得系统在其整个生命周期中的总开销达到最小的设计。结构化的指导软件设计的几条基本原理，在进行面向对象设计时仍然成立，但是增加了一些与面向对象方法密切相关的新特点，具体化为面向对象设计准则如下：设计结果应清晰易懂；设计深度应当适当；设计简单的类；使用简单的协议；使用简单的任务；把设计变动减至最少。

### 6.3.2　子系统设计

软件工程师在设计比较复杂的应用系统时采取的策略是，首先把系统分解成若干个比较小的部分，然后再分别设计每个部分。这样做有利于降低设计的难度，有利于分工协作，也有利于维护人员对系统理解和维护。各个子系统之间应该具有尽可能简单、明确的接口。接口确定了交互形式和通过子系统边界的信息流，但是无须规定子系统内部的实现算法。因此，可以相对独立地设计各个子系统。在划分和设计子系统时，应该尽量减少子系统彼此间的依赖性。系统的主要组成部分称为子系统。通常根据所提供的功能来划分子系统。一般来说，子系统的数目应该与系统规模基本匹配。

采用面向对象方法设计软件系统时，面向对象设计模型（即求解域的对象模型），与面向对象分析模型（即问题域的对象模型）一样，也由主题、类与对象、结构、属性、服务等 5 个层次组成。这 5 个层次一层比一层表示的细节更多，可以把这 5 个层次想象为整个模型的水平切片。此外，大多数系统的面向对象设计模型，在逻辑上都由 4 大部分组成。这 4 大部分对应于组成目标系统的 4 个子系统，它们分别是问题域子系统、人机交互子系统、任务管理子系统和数据管理子系统。

# 6.4 面向对象的程序设计

## 6.4.1 面向对象的语言

Smalltalk；C++；Java。

## 6.4.2 面向对象的编程风格

良好的面向对象程序设计风格，既包括传统的程序设计风格准则，也包括为适应面向对象方法所特有的概念（例如，继承性）而必须遵循的一些新准则。运用这些新准则，目的在于提高可重用性、可扩充性和健壮性。

## 6.4.3 提高可重用性的准则

（1）提高方法的内聚；

（2）减小方法的规模；

（3）保持方法的一致性；

（4）把策略与实现分开；

（5）全面覆盖；

（6）尽量不使用全局信息；

（7）利用继承机制。

## 6.4.4 提高可扩充性的准则

（1）封装实现策略；

（2）不要用一个方法遍历多条关联链；

（3）避免使用多分支语句；

（4）精心确定公有方法。

### 6.4.5　提高可健壮性的准则

（1）预防用户的操作错误；

（2）检查参数的合法性；

（3）不要预先确定限制条件；

（4）先测试后优化。

### 6.4.6　面向对象的测试技术

一般来说，面向对象的软件测试可分为以下四个层次进行：

（1）算法层：测试类中定义的每个方法相当于传统测试中的单元测试；

（2）类层：测试封装在同一个类中的所有方法与属性之间的相互作用，可认为是面向对象测试中所特有的模块测试；

（3）主题层：测试一组协同工作的类&对象之间的相互作用，相当于传统测试的子系统测试；

（4）系统层：把各个子系统组装完成完整的面向对象软件系统，在组装过程中同时进行测试。

# 6.5　UML 方法

软件工程领域在 1995 年至 1997 年期间取得了空前的进展，其中最重要的、具有划时代意义的成果之一就是统一建模语言 UML(Unified Modeling Language)的出现,这是由 Grady Booch、Jim Rumbaugh 和 Ivar Jacobson 等集众家之长而完成的。在世界范围内至少在近 10 年内，UML 将是面向对象技术领域内占主导地位的标准建模语言。

### 6.5.1　UML 概念

设计者们为 UML 设定的目标是：

（1）运用面向对象概念来构造系统模型（不仅仅是针对软件）。

（2）建立起从概念模型直至可执行体之间明显的对应关系。

（3）着眼于那些有重大影响的问题。

（4）创建一种对人和机器都适用的建模语言。

### 6.5.2　标准建模语言 UML 的内容

作为一种建模语言，UML 的定义包括 UML 语义和 UML 表示法两个部分。

### 6.5.3　UML 的表示法

在 UML 中用 5 种不同的视图来表示一个系统，这些视图从不同的侧面描述系统。每一个视图由一组图形来定义。

用户模型视图：从用户角度来描述系统。它用 use case 建立模型，描述由用户方面的可用的场景。

结构模型视图：从系统内部描述数据和功能，对静态结构（类、对象和关系）模型化。

行为模型视图：描述系统的动态和行为。描述在用户模型视图和结构模型视图中所描述的各种结构元素间的交互和协作。

实现模型视图：将系统的结构和行为表达成为易于转换为实现的方式。

环境模型视图：描述系统实现环境的结构和行为。

### 6.5.4　UML 软件开发过程概述

UML 分析建模的着眼点放在系统的用户模型和结构模型上。UML 设计建模的着眼点则定位在行为模型、实现模型和环境模型上。

# 6.6　软件重用技术

### 6.6.1　基本概念

重用也叫再用或复用。广义地说，软件重用可分 3 个层次：知识重用；方法和标准的重用；软件成分的重用。

软件重用是指使用现已存在的软件成分构成新的软件系统。这里所指的软件成分包括程序代码、测试用例、需求文档、系统规格说明、设计结构、设计过程以及为了开发软件，开发者所需要的任何信息。

可复用的软件成分必须具有以下属性：良好的模块化；结构清晰；高度可适应。

### 6.6.2　软件重用技术分类

利用可重用的软件成分来开发软件称为软件重用技术，也指开发或再用软件的技术。目前主要有：软件组合技术，软件生成技术，面向对象的软件重用技术。

### 6.6.3　类构件

类构件有三种重用方式：实例重用、继承重用和多态重用。

# 第7章　编码与编程语言

## 7.1　程序设计语言

### 7.1.1　程序设计语言分类

程序设计语言基本上可以分为面向机器语言和高级语言（包括超高级语言 4GL）两大类。

（1）面向机器语言。

面向机器语言包括机器语言和汇编语言。

（2）高级语言。

从应用特点看，高级语言可以分为基础语言、现代语言和专用语言三类。

从语言的内在特点看，高级语言可以分为系统实现语言、静态高级语言、块结构高级语言和动态高级语言等四类。

### 7.1.2　程序设计语言的特点

程序设计语言是人与计算机交流的媒介。软件工程师应该了解程序设计语言各方面的特点，以及这些特点对软件质量的影响，以便在需要为一个特定的开发项目选择语言时，能作出合理的选择。

（1）名字说明；

（2）类型说明；

（3）初始化；

（4）程序对象的局部性；

（5）程序模块；

（6）循环控制结构；

（7）分支控制结构；

（8）异常处理；

（9）独立编译。

### 7.1.3　程序设计语言的选择

#### 1.　理想标准

（1）应该有理想的模块化机制，以及可读性好的控制结构和数据结构，以使程序容易测试和维护，同时减少软件生存周期的总成本。

（2）应该使编译程序能够尽可能多地发现程序中的错误，以便于调试和提高软件的可靠性。

（3）应该有良好的独立编译机制，以降低软件开发和维护的成本。

#### 2.　实践标准

（1）语言自身的功能；

（2）系统用户的要求；

（3）编码和维护成本；

（4）软件的兼容性；

（5）可以使用的软件工具；

（6）软件可移植性；

（7）开发系统的规模；

（8）程序设计人员的知识水平。

## 7.2　编码风格

编码风格又称程序设计风格或编程风格。风格原指作家、画家在创作时喜欢和习惯使用的表达自己作品题材的方式，而编码风格实际上指编程的基本原则。

良好的编码风格有助于编写出可靠而又容易维护的程序，编码风格在很大程度上决定着程序的质量。

### 7.2.1　源程序文档化

"软件＝程序＋文档"。源程序文档化包括选择标识符（变量和标号）的名字、安排注释以及程序的视觉组织等。

#### 1.　符号名的命名

符号名又称标识符，包括模块名、变量名、常量名、标号名、子程序名以及数据区名、缓冲区名等。这些名字应能反映它所代表的实际东西，应有一定实际意义，使其能够见名知意，有助于理解程序功能和增强程序的可读性。如：平均值用 Average

表示，和用 Sum 表示，总量用 Total 表示。

### 2. 程序的注释

在程序中的注释是程序员与程序阅读者之间通信的重要手段。注释能够帮助读者理解程序，并为后续进行测试和维护提供明确的指导信息。因此，注释是十分重要的，大多数程序设计语言提供了使用自然语言来写注释的环境，为程序阅读者带来方便。注释分为序言性注释和功能性注释。

### 3. 标准的书写格式

应用统一的、标准的格式来书写源程序清单，有助于改善可读性。常用的方法有：

（1）用分层缩进的写法显示嵌套结构层次；

（2）在注释段周围加上边框；

（3）注释段与程序段以及在不同的程序段之间插入空行；

（4）每行只写一条语句；

（5）书写表达式时适当使用空格或圆括号作隔离符。

一个程序如果写得密密麻麻，分不出层次来常常是很难看懂的。优秀的程序员在利用空格、空行和缩进的技巧上显示了他们的经验。恰当地利用空格，可以突出运算的优先性，避免发生运算的错误。

自然的程序段之间可用空行隔开。

缩进也叫做向右缩格或移行。

## 7.2.2 数据说明

在编写程序时，要注意数据说明的风格。为了数据说明便于理解和维护，必须注意几点。

（1）数据说明的次序应规范，进而有利于测试、排错和维护。

（2）说明的先后次序固定。例如，按常量说明、简单变量类型说明、数组说明、公用数据块说明、所有的文件说明的顺序说明。在类型说明中还可进一步要求。例如，可按如下顺序排列：整型量说明、实型量说明、字符量说明、逻辑量说明。

（3）当用一个语句说明多个变量名时，应当对这些变量按字母的顺序排列。

（4）对于复杂数据结构，应利用注释说明实现这个数据结构的特点。

## 7.2.3 语句结构

（1）使用标准的控制结构。

在编码阶段，要继续遵循模块逻辑中采用单入口、单出口标准结构的原则，以确保源程序清晰可读。

在尽量使用标准结构的同时，还要避免使用容易引起混淆的结构和语句。

避免使用空的 ELSE 语句和 IF…THEN IF…的语句。在早期使用 ALGOL 语言时就发现这种结构容易使读者产生误解。

另外，在一行内只写一条语句，并采取适当的缩进格式，使程序逻辑和功能变得更加明确。

（2）尽可能使用库函数。

（3）首先应当考虑可读性。

（4）注意 GOTO 语句的使用。

GOTO 语句不宜多使用，也不能完全禁止。在现代语言中，也可以用 GOTO 语句和 IF 语句组成用户定义的新控制结构。

① 不要使 GOTO 语句相互交叉。

② 避免不必要的转移。同时如果能保持程序的可读性，则不必用 GOTO 语句。

③ 程序应当简单，不必过于深奥，避免使用 GOTO 语句绕来绕去。

（5）其他需注意的问题。

① 避免使用 ELSE GOTO 和 ELSE RETURN 结构。

② 避免过多的循环嵌套和条件嵌套。

③ 数据结构要有利于程序的简化。

④ 要模块化，使模块功能尽可能单一化，模块间的耦合能够清晰可见。

⑤ 对递归定义的数据结构尽量使用递归过程。

⑥ 不要修补不好的程序，要重新编写，也不要一味地追求代码的复用，要重新组织。

⑦ 利用信息隐蔽，确保每一个模块的独立性。

⑧ 对太大的程序，要分块编写、测试，然后再集成。

⑨ 注意计算机浮点数运算的特点。尾数位数一定，则浮点数的精度受到限制。

⑩ 避免不恰当地追求程序效率，在改进效率前，要作出有关效率的定量估计。

⑪ 确保所有变量在使用前都进行初始化。

⑫ 遵循国家标准。

### 7.2.4 输入/输出（I/O）

输入/输出信息是与用户的使用直接相关的。输入/输出的方式和格式应当尽量做到对用户友好，尽可能方便用户的使用。一定要避免因设计不当给用户带来的麻烦。

在设计和程序编码时都应考虑下列原则：

（1）对所有的输入数据都进行检验，从而识别错误的输入，以保证每个数据的有效性；

（2）检查输入项的各种重要组合的合理性，必要时报告输入状态信息；

（3）使得输入的步骤和操作尽可能简单，并保持简单的输入格式；

（4）输入数据时，应允许使用自由格式输入；

（5）应允许缺省值；

（6）输入一批数据时，最好使用输入结束标志，而不要由用户指定输入数据数目；

（7）在以交互式输入/输出方式进行输入时，要在屏幕上使用提示符明确提示交互输入的请求，指明可使用选择项的种类和取值范围。同时，在数据输入的过程中和输入结束时，也要在屏幕上给出状态信息；

（8）当程序语言对输入格式有严格要求时，应保持输入格式与输入语句要求的一致性；

（9）给所有的输出加注解，并设计输出报表格式。

# 7.3　程序效率

程序效率是指程序的执行速度及程序占用的存储空间。程序编码是最后提高运行速度和节省存储的重要阶段，因此在此阶段必须考虑程序的效率。

有关程序效率的几条准则。

（1）效率是一个性能要求，目标值应当在需求分析阶段给出。软件效率以需求为准，不应以人力所及为准。

（2）好的设计可以提高效率。

（3）程序的效率与程序的简单性相关。

## 7.3.1　算法对效率的影响

源程序的效率与详细设计阶段确定的算法的效率直接有关。在详细设计翻译转换成源程序代码后，算法效率反映为程序的执行速度和存储容量的要求。转换过程中的指导原则是：

（1）在编程序前，尽可能化简有关的算术表达式和逻辑表达式；

（2）仔细检查算法中的嵌套的循环，尽可能将某些语句或表达式移到循环外面；

（3）尽量避免使用多维数组；

（4）尽量避免使用指针和复杂的表达式；

（5）采用快速的算术运算；

（6）不要混淆数据类型，避免在表达式中出现类型混杂；

（7）尽量采用整数算术表达式和布尔表达式；

（8）选用等效的高效率算法。

### 7.3.2 影响存储器效率的因素

（1）采用结构化程序设计，将程序功能合理分块，使每个模块或一组密切相关模块的程序体积大小与每页的容量相匹配，可减少页面调度，减少内外存交换，提高存储效率。

（2）在微型计算机系统中，存储器的容量对软件设计和编码的制约很大。因此，要选择可生成较短目标代码且存储压缩性能优良的编译程序，有时需采用汇编程序。

（3）提高存储器效率的关键是程序的简单性。

### 7.3.3 影响输入/输出的因素

如果操作员能够十分方便、简单地录入输入数据，或者能够十分直观、一目了然地了解输出信息，则可以说面向人的输入/输出是高效的。

输入/输出可分为两种类型：一种是面向人（操作员）的输入/输出；一种是面向设备的输入/输出。

（1）对所有的输入/输出操作，安排适当的缓冲区，以减少频繁的信息交换；

（2）对辅助存储（例如磁盘），选择尽可能简单的，可接受的存取方法；

（3）对辅助存储的输入/输出，应当成块传送；

（4）对终端或打印机的输入/输出，应考虑设备特性，改善输入/输出的质量和速度；

（5）任何不易理解的，对改善输入/输出效果关系不大的措施都是不可取的；

（6）不应该为追求所谓超高效的输入/输出，进而损害程序的可理解性；

（7）良好的输入/输出程序设计风格对提高输入/输出效率会有明显的效果。

# 7.4 编程安全

提高软件质量和可靠性的技术大致可分为两类：一类是避开错误技术，即在开发的过程中不让差错潜入软件的技术；另一类是容错技术，即对某些无法避开的差错，使其影响减至最小的技术。避开错误技术是进行质量管理，实现产品应有质量所必不可少的技术，也就是软件工程中所讨论的先进的软件分析和开发技术以及管理技术。

### 7.4.1 冗余程序设计

冗余是改善系统可靠性的一种重要技术。在硬件系统中，采用冗余技术是指提供额外的元件或系统，使其与主系统并行工作。这时有两种情况：一种是让连接的所有元件都并行工作，当有一个元件出现故障时，它就退出系统，而由冗余元件接续它的工作，维护系统的运转，有时将这种结构称之为自动重组结构。另一种情况是系统最初运行时，由原始元件工作，当该元件发生故障时，由检测线路（有时由人工完成）把备用元件接上（或把开关拨向备用元件），使系统继续运转。第一种情况称为并行冗余，也称热备用或主动冗余；第二种情况称为备用冗余，也称冷冗余或被动冗余。

在软件系统中，采用冗余技术是指要解决一个问题必须设计出两个不同的程序，包括采用不同的算法和设计，而且编程人员也应该不同。

## 7.4.2 防错程序设计

防错程序设计可分为主动式和被动式两种。

### 1. 主动式防错程序设计

主动式防错程序设计是指周期性地对整个程序或数据库进行搜查或在空闲时搜查异常情况。主动式程序设计既可在处理输入信息期间使用，也可在系统空闲时间或等待下一个输入时使用。以下所列出的检查均适合于主动式防错程序设计。

（1）内存检查；

（2）标志检查；

（3）反向检查；

（4）状态检查；

（5）连接检查；

（6）时间检查；

（7）其他检查。

### 2. 被动式防错程序设计

被动式防错程序设计思想是指必须等到某个输入之后才能进行检查，也就是达到检查点时，才能对程序的某些部分进行检查。

在被动式防错程序设计中所要进行的检查项目如下：

（1）来自外部设备的输入数据，包括范围、属性是否正确；

（2）由其他程序所提供的数据是否正确；

（3）数据库中的数据，包括数组、文件、结构、记录是否正确；

（4）操作员的输入，包括输入的性质，顺序是否正确；

（5）栈的深度是否正确；

（6）数组界限是否正确；

（7）表达式中是否出现零分母情况；

（8）正在运行的程序版本是否是所期望的（包括最后系统重新组合的日期）；

（9）通过其他程序或外部设备的输出数据是否正确。

# 7.5　程序设计工具

使用适用的软件工具辅助程序设计，可以减轻人的劳动，提高生产率和程序的可靠性。

### 1. 编译程序

编译程序是最基本的程序设计工具。编译程序能帮助程序员诊断出程序中的差错，减少程序开发的成本，能生成高效率的机器代码。

### 2. 代码管理程序

代表有：UNIX/PWB 系统中的 MAKE 和 SCCS。利用 MAKE 程序能保持模块间的协调关系。源代码控制系统 SCCS 的目的是维持目标系统的多个版本而又没有不必要的代码重复。

# 7.6　校园威客系统核心模块编码

## 7.6.1　程序设计语言和数据库的选择

校园威客系统平台是基于 Internet 的通信信息管理系统，采用 B/S 架构方式，是基于 Internet 上标准的通信协议作为客户端与服务器端的交互通信，服务器端可以获取客户端需求的数据信息，对数据进行处理，返回相应数据给客户端，客户端通过浏览器获取服务器端返回的数据，实现交互。

校园威客系统必须考虑到客户端与服务器端的交互，需考虑到网络数据传送的效率以及开发可行性。校园威客系统采用"ASP.NET"，"ASP.NET"提供了完整的框架，支持面向对象。

该系统采用 MVC 模式编写，此处贴出部分核心代码，详细代码参见实例。

校园威客系统需要处理大量的数据，在这里采用 SQL 2008 为搭载数据库，SQL 2008 具有易用性，适合分布式组织的可伸缩性，良好性价比等特点。校园威客系统数据表参见详细设计说明书。

## 7.6.2　系统模块的编码实现

### 1. 系统登录

该模块主要实现用户登录本系统。当登录成功过后，获取一般用户权限，进行一系列操作，是本系统的主要入口。该模块可以防止 SQL 注入，提高系统的安全性。用户填入注册邮箱、密码，点击确定方可登录。系统登录界面如图 7-1 所示。

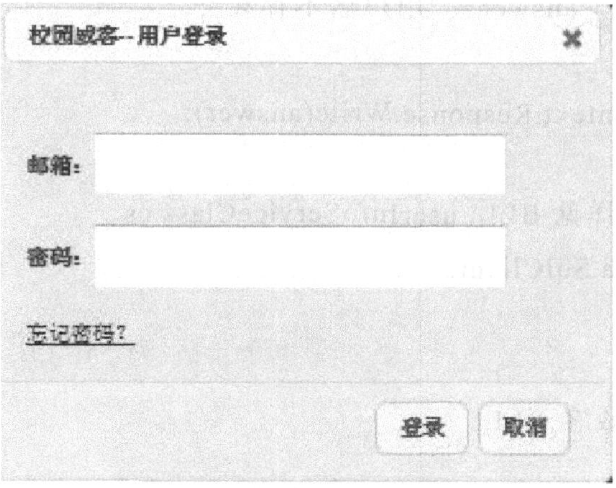

图 7-1　系统登录界面

登录代码详见 WEB\ login.ashx。

```
string answer = null;
public void ProcessRequest(HttpContext context)
  {
      int state = -1;
      String Email = context.Request.Form["Email"];
      String userPWD = context.Request.Form["userPWD"];
      context.Response.ContentType = "text/plain";
      userInfoServiceClass userinfo = new userInfoServiceClass();
      state = userinfo.CheckLogin(Email, userPWD);
      if (state == 1)
      {
          answer = "登录成功";
          System.Web.HttpContext.Current.Session["Email"] = Email;

      }
      else if(state == 2 )
      {
          answer = "用户名或密码错误，登录失败";
      }
      else if(state == 3){
          answer = "连续登录错误次数过多，请修改密码";
      }
```

```
            else if(state == 4){
                answer = "用户名不存在";
            }
            context.Response.Write(answer);
        }
```

BLL 层核心代码详见 BLL\ userInfoServiceClass.cs。

```
using System.Data.SqlClient;
using DAL;
using MODEL;
namespace 校园威客.BLL
{
    public class userInfoServiceClass
    {
        userInfo_DAL user = new userInfo_DAL();
        public int   CheckLogin(string Email,string userPWD)
        {
            int errorTimes = 0;
            string pwd = null;
            UserInfo_MODEL loginUser = null;

            loginUser = user.getUerByEmail(Email);
            if (loginUser == null)
            {
                //用户不存在
                return 4;
            }
            else
            {
                errorTimes = loginUser.ErrorTimes;
                if (errorTimes > 3)
                {
                    //连续登录错误次数过多
                    return 3;
                }
                pwd = loginUser.UerPWD;
```

```csharp
        }
        if (pwd == userPWD)
        {
            //登录成功,清零 erroTimes，修改一条数据
            loginUser.ErrorTimes = 0;
            user.Upadate(loginUser);
            //该连接在 SQLHelper 中已关闭连接
            return 1;

        }
        else
        {
            //登录失败,erroTimes 加 1,修改一条数据
            loginUser.ErrorTimes += 1;
            user.Upadate(loginUser);
            return 2;

        }
    }
    public int addUerInfo(UserInfo_MODEL addUerInfo)
    {
        //创建一个数据访问层的实力对象
        return user.addUerInfo(addUerInfo);
    }
    //通过邮箱判断用户名是否存在
    public bool ExistsByEmail(string Email)
    {
        return user.ExistsByEmail(Email);
    }
    //通过用户名判断记录是否存在
    public bool ExistsByUserName(string userName)
    {
        return user.ExistsByUserName(userName);
    }
    //通过邮箱得到一条数据
    public MODEL.UserInfo_MODEL getUserByEmail(string Email)
```

```
                {
                    return user.getUerByEmail(Email);
                }
            //更新一条数据
            public int update(UserInfo_MODEL updateUserInfo)
                {
                    return user.Upadate(updateUserInfo);
                }
        }
    }
取消：(详见 WEB\JS\ masterOfAll.js)
    取消：function ()
{
                    $(this).dialog("close");
            }
```

## 2. 用户信息管理

（1）用户注册。

对游客开放端口进行注册成为本系统的会员，拥有一般会员权限。用户注册界面如图 7-2 所示。

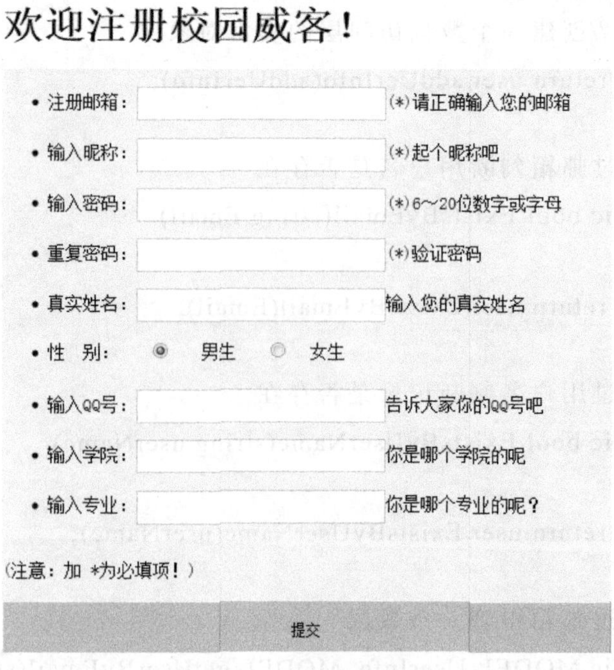

图 7-2　用户注册界面

用户注册代码详见 WEB\register.ashx，核心代码如下。

```csharp
        string answer = null;
        UserInfo_MODEL registUserInfo = new UserInfo_MODEL();
        public void ProcessRequest(HttpContext context)
        {
            registUserInfo.Email1 = context.Request.Form["Email"];
            registUserInfo.UerName = context.Request.Form["userName"];
            registUserInfo.UerPWD = context.Request.Form["userPWD"];
            registUserInfo.Name = context.Request.Form["name"];
            registUserInfo.Sex = context.Request.Form["sex"];
            registUserInfo.QQ1 = context.Request.Form["QQ"];
            registUserInfo.Major = context.Request.Form["zhuanye"];
            registUserInfo.Academy = context.Request.Form["xueyuan"];
            registUserInfo.HeadImgUrl = "headImg/headImg05.jpg";
            CheckLogin();
            context.Response.Write(answer);
        }
        private void CheckLogin()
        {
            userInfoServiceClass registuser = new userInfoServiceClass();
            if (registuser.ExistsByEmail(registUserInfo.Email1) == true)
            {
                answer = "对不起该邮箱已被注册";
                return;
            }
            if (registuser.ExistsByUserName(registUserInfo.UerName) == true)
            {
                answer = "对不起该昵称已被注册";
                return;
            }

            if (registuser.addUerInfo(registUserInfo) > 0)
                answer = "恭喜你注册成功";
        }
```

DAL 层核心代码详见 DAL\userInfo_DAL.cs，核心代码如下。

```csharp
using System;
using System.Collections.Generic;
using System.Linq;
using System.Text;
using MODEL;
using System.Data.SqlClient;
using System.Data;

namespace DAL
{
    public class userInfo_DAL
    {
        /*添加一条数据*/
        public int addUerInfo(UserInfo_MODEL addUerInfo)
        {
            string sqlstr = @"Insert into UserInfo (Email,userName,userPWD,sex,
name,QQ,academy,major,headImgUrl)  values(@Email,@userName,@userPWD,@sex,@name,
@QQ,@xueyuan,@zhuanye,@headImgUrl)";
            SqlParameter[] parms = {
                new SqlParameter("@userName",SqlDbType.NVarChar,50),
                new SqlParameter("@Email", SqlDbType.VarChar,50),
                new SqlParameter("@userPWD", SqlDbType.VarChar,20),
                new SqlParameter("@name",SqlDbType.VarChar,20 ),
                new SqlParameter("@QQ", SqlDbType.VarChar,20),
                new SqlParameter("@zhuanye",SqlDbType.VarChar,30 ),
                new SqlParameter("@xueyuan",SqlDbType.NVarChar,30 ),
                new SqlParameter("@sex",SqlDbType.Char,2 ),
                new SqlParameter("@headImgUrl",SqlDbType.VarChar,50 )
                };
            parms[0].Value = addUerInfo.UerName;
            parms[1].Value = addUerInfo.Email1;
            parms[2].Value = addUerInfo.UerPWD;
            parms[3].Value = addUerInfo.Name;
            parms[4].Value = addUerInfo.QQ1;
            parms[5].Value = addUerInfo.Major;
            parms[6].Value = addUerInfo.Academy;
```

```
            parms[7].Value = addUerInfo.Sex;
            parms[8].Value = addUerInfo.HeadImgUrl;
            return SQLHelper.dml(sqlstr, parms);
        }
        //通过邮箱的到一条数据
        public UserInfo_MODEL getUerByEmail(string Email)
        {

            string sqlstr = "select * from UserInfo where Email = @Email";
            SqlParameter[] parms = {
                                new SqlParameter("@Email",
                                SqlDbType.VarChar,50)
                            };
            parms[0].Value = Email;

            UserInfo_MODEL user = null;
            SqlDataReader dr = null;

            dr =  SQLHelper.QuerySingle(sqlstr, parms);
            if (dr.HasRows)
            {
                while (dr.Read())
                {
                    user = new UserInfo_MODEL();
                    user.Id = Convert.ToInt32(dr["id"]);
                    user.Name = dr["name"].ToString();
                    user.QQ1 = dr["QQ"].ToString();
                    user.UerName = dr["userName"].ToString();
                    user.UerPWD = dr["userPWD"].ToString();
                    user.Sex = dr["sex"].ToString();
                    user.HeadImgUrl = dr["headImgUrl"].ToString();
                    user.Degree =Convert.ToInt32(dr["degree"]);
                    user.Email1 = dr["Email"].ToString();
                    user.ErrorTimes = Convert.ToInt32(dr["errorTimes"]);
                    user.Academy = dr["academy"].ToString();
                    user.Major = dr["major"].ToString();
```

```
                                    user.HeadImgUrl = dr["headImgUrl"].ToString();
                }
        }


        return user;


    }
    //更新一条数据
    public int Upadate(UserInfo_MODEL model)
    {
                string sqlstr = "update UserInfo set userName=@userName,
userPWD=@userPWD,name=@name,sex=@sex,headImgUrl=@headImgUrl,degree=@deg
ree,errorTimes=@errorTimes,Email=@Email,QQ=@QQ,academy=@academy,major=@ma
jor where id=@id";
                SqlParameter[] parameters = {
                        new SqlParameter("@userName", SqlDbType.NChar,20),
                        new SqlParameter("@userPWD", SqlDbType.VarChar,20),
                        new SqlParameter("@name", SqlDbType.VarChar,20),
                        new SqlParameter("@sex", SqlDbType.Char,2),
                        new SqlParameter("@headImgUrl", SqlDbType.VarChar,50),
                        new SqlParameter("@degree", SqlDbType.Int,4),
                        new SqlParameter("@errorTimes", SqlDbType.Int,4),
                        new SqlParameter("@Email", SqlDbType.VarChar,50),
                        new SqlParameter("@QQ", SqlDbType.VarChar,20),
                        new SqlParameter("@academy", SqlDbType.VarChar,30),
                        new SqlParameter("@major", SqlDbType.VarChar,30),
                        new SqlParameter("@id", SqlDbType.Int,4)};
        parameters[0].Value = model.UerName;
        parameters[1].Value = model.UerPWD;
        parameters[2].Value = model.Name;
        parameters[3].Value = model.Sex;
        parameters[4].Value = model.HeadImgUrl;
        parameters[5].Value = model.Degree;
        parameters[6].Value = model.ErrorTimes;
```

```
        parameters[7].Value = model.Email1;
        parameters[8].Value = model.QQ1;
        parameters[9].Value = model.Academy;
        parameters[10].Value = model.Major;
        parameters[11].Value = model.Id;

        return SQLHelper.dml(sqlstr, parameters);
    }
//通过邮箱判断用户名是否存在
public bool ExistsByEmail(String Email)
{       String sqlstr= "select * from UserInfo where Email=@Email";
        SqlParameter[] parms = {new SqlParameter("@Email",
        SqlDbType.VarChar,50)
                                };
        parms[0].Value = Email;
        return SQLHelper.Exists(sqlstr,parms);
}
//通过用户名判断数据是否存在
public bool ExistsByUserName(string userName)
    {
        String sqlstr = "select * from UserInfo where userName=@userName";
        SqlParameter[] parms = {
                                new SqlParameter("@userName",
SqlDbType.NVarChar,50)
                                };
        parms[0].Value = userName;
        return SQLHelper.Exists(sqlstr, parms);
    }

    }
}
```

（2）修改个人信息。

用户登录系统过后，可以通过交互界面及时更新自己的个人详细信息，修改头像等。修改个人信息界面如图7-3所示。

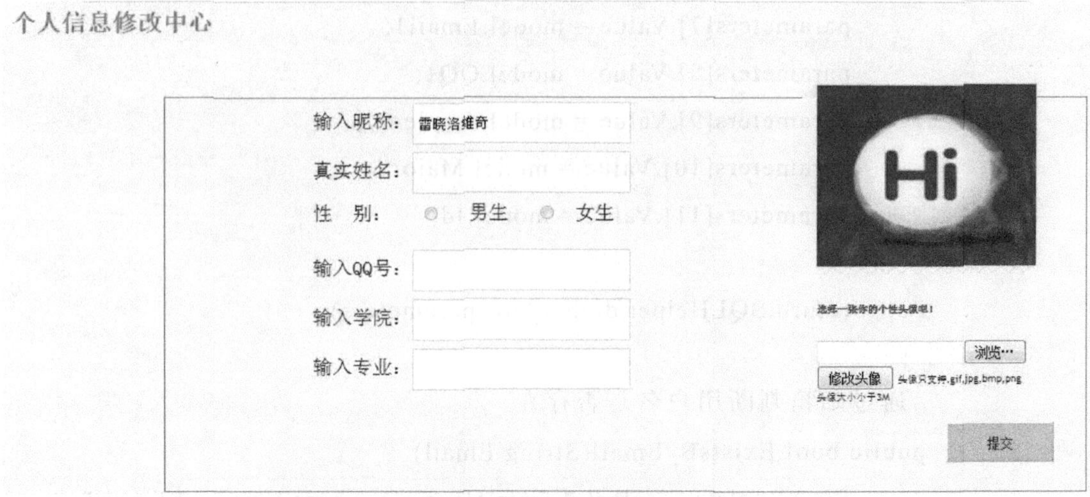

图 7-3　修改个人信息界面

提交代码详见 WEB\ updateUserInfo.ashx，核心代码如下。

```
string answer = null;
    userInfoServiceClass bll_user = new userInfoServiceClass();
    UserInfo_MODEL updateUserInfo;
    public void ProcessRequest(HttpContext context)
    {
        context.Response.ContentType = "text/plain";
        String SessionEmail =
System.Web.HttpContext.Current.Session["Email"].ToString();
        updateUserInfo = bll_user.getUserByEmail(SessionEmail);
        if (context.Request.Form["userName"] != null)
            updateUserInfo.UerName = context.Request.Form["userName"];
        if (context.Request.Form["name"] != null)
            updateUserInfo.Name = context.Request.Form["name"];
        if (context.Request.Form["sex"] != null)
            updateUserInfo.Sex = context.Request.Form["sex"];
        if (context.Request.Form["QQ"]!= null)
            updateUserInfo.QQ1 = context.Request.Form["QQ"];
        if (context.Request.Form["zhuanye"] != null)
            updateUserInfo.Major = context.Request.Form["zhuanye"];
        if (context.Request.Form["xueyuan"] != null)
            updateUserInfo.Academy = context.Request.Form["xueyuan"];
        if (context.Request.Form["img_headImg"]!=null)
```

```
        updateUserInfo.HeadImgUrl = context.Request.Form["img_headImg"];
        CheckUpdate();
        context.Response.Write(answer);
    }
    private void CheckUpdate()
    {
        //创建一个 userInfoServiceClss 的对象
        userInfoServiceClass registuser = new userInfoServiceClass();
        if (registuser.update(updateUserInfo) > 0)
            answer = "恭喜，修改成功！";
        else answer = "SORRY 修改失败";
    }
```

（3）修改密码。

修改密码界面如图 7-4 所示。

图 7-4　修改密码界面

修改密码代码详见 WEB\changePassword.ashx，核心代码如下。

```
string answer = null;
    UserInfo_MODEL UserInfo = new UserInfo_MODEL();
    userInfoServiceClass bll_user = new userInfoServiceClass();
    public void ProcessRequest(HttpContext context)
    {
        context.Response.ContentType = "text/plain";
        String SessionEmail =
System.Web.HttpContext.Current.Session["Email"].ToString();
        int flag = -1;
        UserInfo = bll_user.getUserByEmail(SessionEmail);
        UserInfo.UerPWD = context.Request.Form["userpwd"];
```

```
                flag = bll_user.update(UserInfo);
                if (flag == 1)
                {
                    answer = "修改密码成功";
                }
                else
                {
                    answer = "修改密码失败";
                }
                context.Response.Write(answer);
        }
```

（4）留言功能。

在进行交易或者用户离线等其他情况下，用户可以通过给其他用户留言来通知对方。留言板界面如图 7-5 所示。

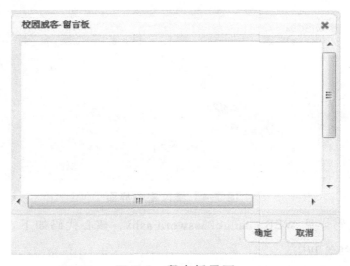

图 7-5　留言板界面

确定代码详见 WEB\ writeLeaveMessage.ashx，核心代码如下。

```
    public void ProcessRequest(HttpContext context)
    {

            MODEL.leaveMessage_MODEL model_leaveMessage = new
    MODEL.leaveMessage_MODEL();
            if (context.Request.Form["isPostBack"] == "2")
            {

                model_leaveMessage.ForId = int.Parse(context.Request.Form["forId"]);
            }
```

```
            model_leaveMessage.ToId = int.Parse(context.Request.Form["toId"]);
            model_leaveMessage.Time = DateTime.Now;
            model_leaveMessage.FormId = int.Parse(HttpContext.Current.Session
            ["userId"].ToString());
            model_leaveMessage.ContentText = context.Request.Form
            ["contentText"];
            if (!string.IsNullOrEmpty(context.Request.Form["forId"]))
            {
                model_leaveMessage.ForId = int.Parse(context.Request.Form["forId"]);
            }

            BLL.leaverMessageServiceClass bll_leaveMessage = new
            BLL.leaverMessageServiceClass();
            int r = bll_leaveMessage.AddLeaveMessage(model_leaveMessage);
            if (r > 0)
                context.Response.Write("留言成功");
            else
                context.Response.Write("留言失败");

    }
```

DAL 层核心代码详见 DAL\ leaveMessage_DAL.cs，核心代码如下。

```
using System;
using System.Collections.Generic;
using System.Linq;
using System.Text;
using System.Data.SqlClient;
using System.Data;

namespace DAL
{
    public class leaveMessage_DAL
    {
        //增加一条
        public int AddLeaveMessage(MODEL.leaveMessage_MODEL model_leaveMessage)
        {
```

```
string sqlstr = @"Insert into leaveMessage (fromId,toId,time,contentText,
    status) values(@fromId,@toId,@time,@contentText,@status)";
SqlParameter[] parms = {
        new SqlParameter("@fromId",SqlDbType.Int),
        new SqlParameter("@toId", SqlDbType.Int),
        new SqlParameter("@time", SqlDbType.DateTime),
        new SqlParameter("@contentText",SqlDbType.VarChar,100 ),
        new SqlParameter("@status",SqlDbType.Int)

                                };
parms[0].Value = model_leaveMessage.FormId;
parms[1].Value = model_leaveMessage.ToId;
parms[2].Value = model_leaveMessage.Time;
parms[3].Value = model_leaveMessage.ContentText;
parms[4].Value = 0;

return SQLHelper.dml(sqlstr, parms);
}
public int AddAnswerLeaveMessage(MODEL.leaveMessage_MODEL
model_leaveMessage)
{
string sqlstr = @"Insert into leaveMessage (fromId,toId,time,
contentText,status,forId) values(@fromId,@toId,@time,@contentText,@status,@forId)";
SqlParameter[] parms = {
        new SqlParameter("@fromId",SqlDbType.Int),
        new SqlParameter("@toId", SqlDbType.Int),
        new SqlParameter("@time", SqlDbType.DateTime),
        new SqlParameter("@contentText",SqlDbType.VarChar,100 ),
        new SqlParameter("@status",SqlDbType.Int),
        new SqlParameter("@forId",SqlDbType.Int)

                                };
parms[0].Value = model_leaveMessage.FormId;
parms[1].Value = model_leaveMessage.ToId;
parms[2].Value = model_leaveMessage.Time;
parms[3].Value = model_leaveMessage.ContentText;
```

```
        parms[4].Value = 0;
        parms[5].Value = model_leaveMessage.ForId;

        return SQLHelper.dml(sqlstr, parms);
    }
    //把留言的状态更新为已读
    public int UpDateById(int id)
    {
        string sqlstr = "update leaveMessage set status=1 where id=@id";
        SqlParameter[] parameters = {
                new SqlParameter("@id", SqlDbType.Int)
                };

        parameters[0].Value = id;
        return SQLHelper.dml(sqlstr, parameters);
    }
}
```

### 3. 需求信息管理

当用户用业务需求的时候，可以通过发布需求来发布标书。当发布到本平台后，平台上的其他用户就可浏览，找到自己需要的服务。发布需求界面如图 7-6 所示。

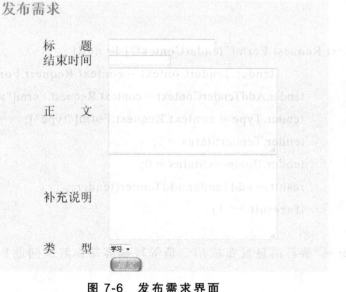

图 7-6　发布需求界面

提交代码详见 WEB\ publishTender.ashx，核心代码如下。

```
string answer = null;
int result = -1;
tenderServiceClass addTender = new tenderServiceClass();
userInfoServiceClass bll_user = new userInfoServiceClass();
UserInfo_MODEL user = null;
Tender_MODEL tender = new Tender_MODEL();
public void ProcessRequest(HttpContext context)
{
    context.Response.ContentType = "text/plain";
String SessionEmail = System.Web.HttpContext.Current.Session["Email"].ToString();
    user = bll_user.getUserByEmail(SessionEmail);

    tender.SenderId = user.Id;
    if (context.Request.Form["name"]!= null)
    tender.Name = context.Request.Form["name"];
    DateTime startTime = DateTime.Now;
    tender.StartTime = startTime;
    if (context.Request.Form["endTime"] != null)
    {
    DateTime endTime = Convert.ToDateTime(context.Request.Form["endTime"]);
        tender.EndTime = endTime;

    }
    if (context.Request.Form["tenderContext"] != null)
        tender.TenderContext = context.Request.Form["tenderContext"];
    tender.AddTenderContext = context.Request.Form["addTenderContext"];
    tender.Type = context.Request.Form["type"];
    tender.TenderStatus = 1;
    tender.BusinessStatus = 0;
    result = addTender.addTender(tender);
    if (result == 1)
    {
    answer = "恭喜消息发布成功，请等待威客帮你解决问题！";
    }
    else
```

```
                {
                    answer = "发布失败，请重新发布";
                }
                context.Response.Write(answer);
        }
```

DAL 层核心代码详见 DAL\tender_DAL.cs，核心代码如下。

```csharp
using System;
using System.Collections.Generic;
using System.Linq;
using System.Text;
using MODEL;
using System.Data.SqlClient;
using System.Data;
using System.Data.Common;


namespace DAL
{
    public class tender_DAL
    {
        //添加一条数据
        public int addTender(Tender_MODEL addtender)
        {
string sqlstr = "insert into Tender(name,senderId,type,startTime,endTime,tenderStatus,
businessStatus,tenderContext,addTenderContext) values (@name,@senderId,@type,@startTime,
@endTime,@tenderStatus,@businessStatus,@tenderContext,@addTenderContext)";
            SqlParameter[] parameters = {
                new SqlParameter("@name", SqlDbType.VarChar,20),
                new SqlParameter("@senderId", SqlDbType.Int,4),
                new SqlParameter("@type", SqlDbType.NVarChar,50),
                new SqlParameter("@startTime", SqlDbType.DateTime),
                new SqlParameter("@endTime", SqlDbType.DateTime),
                new SqlParameter("@tenderStatus", SqlDbType.Int,4),
                new SqlParameter("@businessStatus", SqlDbType.Int,4),
                new SqlParameter("@tenderContext", SqlDbType.NChar,200),
                new SqlParameter("@addTenderContext", SqlDbType.NChar,200)
            };
```

```csharp
            parameters[0].Value = addtender.Name;
            parameters[1].Value = addtender.SenderId;
            parameters[2].Value = addtender.Type;
            parameters[3].Value = addtender.StartTime;
            parameters[4].Value = addtender.EndTime;
            parameters[5].Value = addtender.TenderStatus;
            parameters[6].Value = addtender.BusinessStatus;
            parameters[7].Value = addtender.TenderContext;
            parameters[8].Value = addtender.AddTenderContext;

            return SQLHelper.dml(sqlstr, parameters);
        }
        //更新一条数据，主要用于用户补充说明用,通过 ID
        public int Upadate(Tender_MODEL updateTender)
        {string sqlstr = "update Tender set name=@name,senderId=@senderId,
type=@type,startTime=@startTime,endTime=@endTime,tenderStatus=@tenderStatus,busi
nessStatus=@businessStatus,tenderContext=@tenderContext,addTenderContext=@addTe
nderContext where id=@id";
            SqlParameter[] parameters = {
                new SqlParameter("@name", SqlDbType.VarChar,20),
                new SqlParameter("@senderId", SqlDbType.Int,4),
                new SqlParameter("@type", SqlDbType.NVarChar,50),
                new SqlParameter("@startTime", SqlDbType.DateTime),
                new SqlParameter("@endTime", SqlDbType.DateTime),
                new SqlParameter("@tenderStatus", SqlDbType.Int,4),
                new SqlParameter("@businessStatus", SqlDbType.Int,4),
                new SqlParameter("@tenderContext", SqlDbType.NChar,200),
                new SqlParameter("@addTenderContext", SqlDbType.NChar,200),
                new SqlParameter("@id", SqlDbType.Int,4)};
            parameters[0].Value = updateTender.Name;
            parameters[1].Value = updateTender.SenderId;
            parameters[2].Value = updateTender.Type;
            parameters[3].Value = updateTender.StartTime;
            parameters[4].Value = updateTender.EndTime;
            parameters[5].Value = updateTender.TenderStatus;
```

```csharp
                parameters[6].Value = updateTender.BusinessStatus;
                parameters[7].Value = updateTender.TenderContext;
                parameters[8].Value = updateTender.AddTenderContext;
                parameters[9].Value = updateTender.Id;
                return SQLHelper.dml(sqlstr, parameters);
        }
        //通过类型查询数据结果集
        public SqlDataReader selectByType(string type)
        {

                string sqlstr = "select   * from Tender   where type=@type";
                SqlParameter[] parameters = {
                                        new SqlParameter("@type", SqlDbType.
NVarChar,50),
                                                        };
                parameters[0].Value = type;
                return SQLHelper.QuerySingle(sqlstr, parameters);
        }
        //通过关键字查询数据结果集，现阶段只执行对标书内容的模糊查询
        public SqlDataReader selectByKey(string key)
        {

        string sqlstr = "select   * from Tender   where     tenderContext like '%@key%' ";
                SqlParameter[] parameters = {new SqlParameter("@key", SqlDbType.
NVarChar,50),
                                                        };
                parameters[0].Value = key;
                return SQLHelper.QuerySingle(sqlstr, parameters);
        }
        //测试显示一个
        public SqlDataReader getModelList()
        {
                string sqlstr = "select   * from @key ";
                SqlParameter[] parameters = {
                new SqlParameter("@key", SqlDbType.NVarChar,50),
                                                        };
```

```
                    parameters[0].Value = "Tender";
                    return SQLHelper.QuerySingle(sqlstr,parameters);
        }

        //获取分页效果
        public DataSet getTendersByPage(int pageNumber)
        {
                //每页显示条数
                int pageSize = 10;
                int start = (pageNumber - 1) * pageSize + 1;
                int end = pageNumber * pageSize;
                string sqlstr = "select * from (select *,Row_Number() over (order by
id) RowNumber from Tender) t where t.RowNumber>=@start and t.RowNumber<=@end";

                SqlParameter[] parameters = {
        new SqlParameter("@start", SqlDbType.Int,4),
        new SqlParameter("@end", SqlDbType.Int,4)
                                                };
                parameters[0].Value = start;
                parameters[1].Value = end;

                return SQLHelper.Query(sqlstr, parameters);

        }

        /// <summary>
        /// 获得数据列表
        /// </summary>
        public DataSet GetList(string strWhere)
        {
        StringBuilder strSql = new StringBuilder()        strSql.Append("select top 10
id,name,senderId,type,startTime,endTime,tenderStatus,businessStatus,tenderContext,addT
enderContext ");
                strSql.Append(" FROM Tender ");
                if (strWhere.Trim() != "")
                {
```

```csharp
                strSql.Append(" where " + strWhere);
            }
            return SQLHelper.Query(strSql.ToString());
        }


        /// <summary>
        /// 得到一个对象实体
        /// </summary>
        public Tender_MODEL DataRowToModel(DataRow row)
        {
            Tender_MODEL model = new Tender_MODEL();
            if (row != null)
            {
                if (row["id"] != null && row["id"].ToString() != "")
                {
                    model.Id = int.Parse(row["id"].ToString());
                }
                if (row["name"] != null)
                {
                    model.Name = row["name"].ToString();
                }
                if (row["senderId"] != null && row["senderId"].ToString() != "")
                {
                    model.SenderId = int.Parse(row["senderId"].ToString());
                }
                if (row["type"] != null)
                {
                    model.Type = row["type"].ToString();
                }
            if (row["startTime"] != null && row["startTime"].ToString() != "")
                {
                    model.StartTime = DateTime.Parse(row["startTime"].ToString());
                }
                if (row["endTime"] != null && row["endTime"].ToString() != "")
                {
                    model.EndTime = DateTime.Parse(row["endTime"].ToString());
```

```
                }
        if (row["tenderStatus"] != null && row["tenderStatus"].ToString() != "")
                {
                        model.TenderStatus = int.Parse(row["tenderStatus"].ToString());
                }
        if (row["businessStatus"] != null && row["businessStatus"].ToString() != "")
                {
                        model.BusinessStatus = int.Parse(row["businessStatus"].ToString());
                }
                if (row["tenderContext"] != null)
                {
                        model.TenderContext = row["tenderContext"].ToString();
                }
                if (row["addTenderContext"] != null)
                {
                        model.AddTenderContext = row["addTenderContext"].ToString();
                }
        }
        return model;
}
//如果 type = 0，则获取一共有多少条记录，否则获取该类别有多少条记录
public int getPageCount(int type)
{
        string temp="";
        string sqlstr = "select count(*) from Tender ";

        if (type != 0)
        {
                if(type == 1 )
                {
                        temp = "学习";
                }
                else if(type == 2)
                {
                        temp = "生活";
```

```
            }
            else if (type == 3)
            {
                temp = "旅游";

            }
            else if (type == 4)
            {
                temp = "设计";
            }
            else if(type == 5 )
                temp = "其他";

            sqlstr += "where type = @type";
        }

    SqlParameter[] parameters = {
                    New SqlParameter("@type", SqlDbType.NVarChar,50)
                };
    parameters[0].Value = temp;
    return Convert.ToInt32(SQLHelper.GetSingle(sqlstr, parameters));
}
public Tender_MODEL getModelById(int id)
{
    SqlDataReader dr = null;
    Tender_MODEL model = new Tender_MODEL();
    string sqlstr = "select * from Tender where id = @id";
    SqlParameter[] parameters = {
                    new SqlParameter("@id", SqlDbType.Int,4)
                };
    parameters[0].Value = id;
    dr = SQLHelper.QuerySingle(sqlstr, parameters);
    if (dr.HasRows)
    {
        while (dr.Read())
```

```
            {
                if (dr["id"] != null)
                {
                    model.Id = int.Parse(dr["id"].ToString());
                }
                if (dr["name"] != null)
                {
                    model.Name = dr["name"].ToString();
                }
                if (dr["senderId"] != null)
                {
                    model.SenderId = int.Parse(dr["senderId"].ToString());
                }
                if (dr["type"] != null)
                {
                    model.Type = dr["type"].ToString();
                }
    if (dr["startTime"] != null && dr["startTime"].ToString() != "")
                {
model.StartTime = DateTime.Parse(dr["startTime"].ToString());
                }
if (dr["endTime"] != null && dr["endTime"].ToString() != "")
                {
    model.EndTime = DateTime.Parse(dr["endTime"].ToString());
                }
if (dr["tenderStatus"] != null && dr["tenderStatus"].ToString() != "")
                {
                        model.TenderStatus = int.Parse(dr["tenderStatus"].ToString());
                }
if (dr["businessStatus"] != null && dr["businessStatus"].ToString() != "")
                {
model.BusinessStatus = int.Parse(dr["businessStatus"].ToString());
                }
if (dr["tenderContext"] != null)
    model.TenderContext = dr["tenderContext"].ToString();
```

```
                    }
                    if (dr["addTenderContext"] != null)
                    {
model.AddTenderContext = dr["addTenderContext"].ToString();
                    }
                }
            }
            return model;
        }

        }
}
```

## 4. 交易管理

（1）投标。

该模块实现威客浏览到可以完成的标书或者任务的时候参与投标竞争，实现标书的投递。同时该模块支持文件上传，为投标者提供更多便利的方法。在标书没有过有效日期之前，用户可以修改自己的投标信息。当标书已过有效期，投标者不能修改自己的投标信息。投标界面如图 7-7 所示。

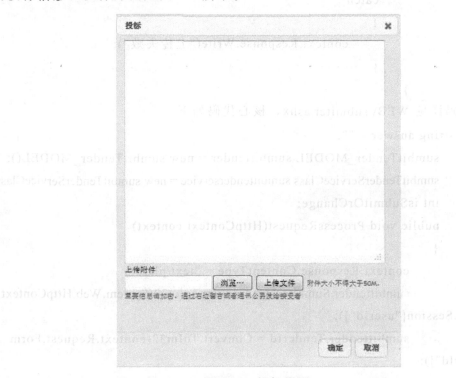

**图 7-7　投标界面**

上传文件代码详见 WEB\ upload.ashx，核心代码如下：

```
string newname = System.DateTime.Now.ToString("yyyyMMddHHmmssffff");
                HttpPostedFile file = context.Request.Files[0];
                if (file != null)
                {
                    try
                    {
                        string path = context.Server.MapPath("~/accessoryUrl/");
                        string folder = DateTime.Now.ToString("yyyyMMdd");
                        if (!Directory.Exists(path + folder))
                        {
                            Directory.CreateDirectory(path + folder);
                        }
string type = file.FileName.Substring(file.FileName.LastIndexOf('.'));
                        string saveName = newname + type;
                        file.SaveAs(path + folder + "/" + saveName);
                        context.Response.Write(folder + "/" + saveName);
                    }
                    catch
                    {
                        context.Response.Write("上传失败");
                    }
                }
```

确定代码详见 WEB\ submiter.ashx，核心代码如下。

```
        string answer = "";
        sumbitTender_MODEL sumbittender = new sumbitTender_MODEL();
        sumbitTenderServiceClass sumbittenderservice = new sumbitTenderServiceClass();
        int isSubmitOrChange;
        public void ProcessRequest(HttpContext context)
        {
            context.Response.ContentType = "text/plain";
            sumbittender.SumbiterId = Convert.ToInt32(System.Web.HttpContext.
Current.Session["userId"]);
            sumbittender.TenderId = Convert.ToInt32(context.Request.Form
["tenderId"]);
            sumbittender.ContentText = context.Request.Form["contentTxt"];
```

```csharp
//uRL
if (!string.IsNullOrEmpty(context.Request.Form["accessoryUrl"]))
    sumbittender.AccessoryUrl = context.Request.Form["accessoryUrl"];
else
{
    sumbittender.AccessoryUrl = "";
}
//获取当前时间
DateTime submitTime = DateTime.Now;
sumbittender.Time = submitTime;

isSubmitOrChange = Convert.ToInt32(context.Request.Form
["isSubmitOrChange"]);
//判断是修改标书或者第一次投标
if (isSubmitOrChange == 1)
{
    //修改标书
    changeTendersByUser(sumbittender);
}
else
{
    //投标
    submitTendersByUser(sumbittender);
}

context.Response.Write(answer);
}
//用户提交标书
public string submitTendersByUser(sumbitTender_MODEL model)
{
    int flag;
    flag = sumbittenderservice.addSubmitTender(model);

    if (flag == 1)
    {
        answer = "投标成功";
```

```
        }
        else if (flag == 0)
        {
            answer = "投标失败";
        }
        else
        {
            answer = "出现未知错误请再试一次";

        }
        return answer;
    }

    //用户修改投标书
    public string changeTendersByUser(sumbitTender_MODEL model)
    {
        int flag;
        flag = sumbittenderservice.changeTendersByUser(model);

        if (flag == 1)
        {
            answer = "修改成功";
        }
        else if (flag == 0)
        {
            answer = "修改失败";
        }
        else
        {
            answer = "出现未知错误请再试一次";

        }
        return answer;
    }
```
（2）选标。

该模块实现了当标书到指定日期过后，需求商对投标者的信息进行筛选，选出满意的投标者，招标成功。选标同时可以浏览或下载用户上传的附件。

若标书没有失效，则需求商不能选标。选标成功后，系统自动提醒中标者。供应商与需求商可以通过即时聊天工具洽谈具体细节。选标界面如图 7-8 所示。

需求详情

标题：雷晓洛维奇

详细内容：
校园威客升级招标，主要实现一书多标，等功能

补充说明：

**图 7-8　选标界面**

选标代码详见 WEB\ chooseTenders.ashx，核心代码如下。

```
string answer = "";
Winner_MODEL winner = new Winner_MODEL();
public tenderServiceClass tenderservice = new tenderServiceClass();
Tender_MODEL tender = new Tender_MODEL();
public void ProcessRequest(HttpContext context)
{
    context.Response.ContentType = "text/plain";

    winner.TenderId = Convert.ToInt32(context.Request.Form["TenderId"]);
    winner.SumbitTenderId = Convert.ToInt32(context.Request.Form["winnerId"]);
    //获取 tender 的一个实体
    tender = tenderservice.getModelById(Convert.ToInt32(context.Request.Form
["TenderId"]));

    //向 winner 表添加一条数据
    addwinner(winner);
```

```
                    if (tender.BusinessStatus == 0)
                    {
                        //将交易的状态改为正在进行中
                        tender.BusinessStatus = 1;
                        tenderservice.updateTender(tender);
                    }
                    context.Response.Write(answer);
            }
            public void addwinner(Winner_MODEL model)
            {
                WinnerServiceClass winnerservice = new WinnerServiceClass();
                int flag = winnerservice.addwinner(model);
                if (flag == 1)
                {
                    answer = "选标成功";
                    BLL.ChattingServiceClass bll_chatting = new ChattingServiceClass();
                    MODEL.Chatting_MODEL model_chatting = new Chatting_MODEL();
                    model_chatting.FormId = 24;
                    model_chatting.ToId = winner.SumbitTenderId;
                    model_chatting.ContentText = "恭喜你中标成功详情请查看个人中心";
                    model_chatting.Time = DateTime.Now;
                    bll_chatting.AddChatting(model_chatting);
                    answer = "选标成功";
                }
                else if (flag == 0)
                {
                    answer = "选标失败，请再试一次";
                }
                else
                {
                    answer = "出现未知错误";
                }
            }
```

## 5. 搜索功能

用户可以通过搜索模块对自己感兴趣的业务进行查询搜索，系统默认显示最新的信息。搜索界面如图 7-9 所示。

图 7-9　搜索界面

搜索代码详见 DAL\ submitTender_userInfo_DAL.cs，核心代码如下：

```
//获取搜索的分页效果
    public DataSet getTendersByPageToSearch(int pageNumber, string searchKey)
    {
        //每页显示条数
        int pageSize = 10;
        int start = (pageNumber - 1) * pageSize + 1;
        int end = pageNumber * pageSize;

        string mysearch = searchKey;
        string temp1 = "%" + searchKey + "%";
        string temp2 = "%" + mysearch + "%";

        string sqlstr = "select * from (select *,Row_Number() over (order by id
desc) RowNumber from Tender_userInfo_view where tenderContext like @temp1 or name
like @temp2 ) t where t.RowNumber>=@start and t.RowNumber<=@end";
        SqlParameter[] parameters = {
                                new SqlParameter("@temp1", SqlDbType.NVarChar,50),
                                new SqlParameter("@temp2", SqlDbType.NVarChar,50),
                                new SqlParameter("@start", SqlDbType.Int,4),
                                new SqlParameter("@end", SqlDbType.Int,4)
                                };
        parameters[0].Value = temp1;
        parameters[1].Value = temp2;
        parameters[2].Value = start;
        parameters[3].Value = end;

        return SQLHelper.Query(sqlstr, parameters);
    }
```

## 6. 即时聊天

本模块主要实现了需求商与供应商的即时交流，方便需求商与供应商的沟通，同时将交流记录在后台数据库中，为日后意外作为凭证。即时聊天界面如图 7-10 所示。

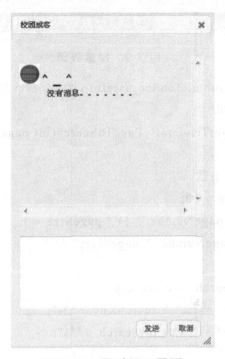

图 7-10　即时聊天界面

发送代码详见 WEB\ chattingMessageCheck.ashx，核心代码如下。

```
string answer;
        public void ProcessRequest(HttpContext context)
        {
            //验证是否是从 masterOfAll 发过来的请求
            if (string.IsNullOrEmpty(context.Request.Form["isPostBack"]))
            {
                return;
            }

            //验证 Session
            if (HttpContext.Current.Session["Email"]==null)
            {
                return;
            }
            BLL.chatting__userInfo_viewService bll_chatting_userInfo = new
BLL.chatting__userInfo_viewService();
```

```csharp
        //取消息
        if (context.Request.Form["isPostBack"] == "1")
        {
            MODEL.chatting_userInfo_veiw_MODEL model_chatting_userInfo;
            if (HttpContext.Current.Session["userId"] == null)
            {
                return;
            }
            String userId = HttpContext.Current.Session["userId"]. ToString();
model_chatting_userInfo = bll_chatting_userInfo.getFirstChattingMessageBy UserId(int.Parse(userId));
            //如果没有消息，则返回空
            if (string.IsNullOrEmpty(model_chatting_userInfo.UserName))
                answer = "";

//有消息的话，把消息的发送者的 userName 和头像、消息的内
//容、发送的时间以"|"分隔拼成字符串返回 Ajax，并把消息的状态更新为已读。
            else
answer = model_chatting_userInfo.UserName + "!!^^*//" + model_chatting_userInfo.
HeadImgurl + "!!^^*//" + model_chatting_userInfo.ContentText + "!!^^*//" + model_
chatting_userInfo.Time + "!!^^*//" + model_chatting_userInfo.Email + "!!^^*//" +
model_chatting_userInfo.FormId;
            context.Response.Write(answer);
        }
        else
        {

            BLL.ChattingServiceClass bll_chatting = new BLL.ChattingServiceClass();
            MODEL.Chatting_MODEL model_chatting = new MODEL.Chatting_MODEL();
            model_chatting.FormId =Int32.Parse(context.Request.Form["fromId"]);
            model_chatting.ToId=Int32.Parse(context.Request.Form["toId"]);
            model_chatting.ContentText = context.Request.Form["contentText"];
            model_chatting.Time=DateTime.Parse(context.Request.Form["time"]);
            int i = bll_chatting.AddChatting(model_chatting);
            if (i > 0)
                context.Response.Write("发送成功!");
            else
                context.Response.Write("发送失败! ");
        }
    }
```

# 第 8 章 软件测试和维护

## 8.1 软件质量

### 8.1.1 软件质量

软件质量是各种特性的复杂组合。软件质量反映了以下三方面的问题。

（1）软件需求是度量软件质量的基础，不符合需求的软件就不具备质量。

（2）在各种标准中定义了一些开发准则，用来指导软件人员用工程化的方法来开发软件。如果不遵守这些开发准则，软件质量就得不到保证。

（3）往往会有一些隐含的需求没有明确地提出来。如果软件只满足那些精确定义了的需求而没有满足这些隐含的需求，软件质量也不能保证。

### 8.1.2 影响软件质量的因素

（1）影响软件质量的主要因素；

（2）软件质量讨论评价应遵守的原则。

## 8.2 软件质量保证

### 8.2.1 软件质量保证策略

为了在软件开发过程中保证软件的质量，主要采取下述措施：

（1）审查；

（2）复查和管理复审；

（3）测试。

### 8.2.2 软件质量保证活动

（1）验证与确认；

（2）开发时期的配置管理。

# 8.3 软件评审

## 8.3.1 软件评审

通常，把质量定义为用户的满意程度。为使得用户满意，有两个必要条件：

（1）设计的规格说明要符合用户的要求；

（2）程序要按照设计规格说明所规定的情况正确执行。

## 8.3.2 程序质量的评审内容

（1）软件的结构；

（2）与运行环境的接口。

## 8.3.3 软件质量保证的标准

（1）ISO 质量保证模型；

（2）ISO 9001 标准。

# 8.4 软件测试

在程序员对每一个模块的编码之后先做程序测试，再做单元测试，然后再进行集成（综合或组装）测试、系统测试、验收（确认）测试、平行测试、人工测试。其中单元测试的一部分已在编码阶段就开始了，测试横跨开发与测试两个阶段，又有不同的人员参加，因此测试工作本身是复杂的。据统计，测试工作量要占软件开发总成本的 40% 到 50% 以上。

测试的目的是确保软件的质量，尽量找出软件错误并加以纠正，而不是证明软件没有错。测试的范围是整个软件的生存周期，而不限于程序编码阶段。

## 8.4.1 软件测试的概念

（1）软件测试。

软件测试是对软件计划、软件设计、软件编码进行查错和纠错的活动（包括代码执行活动与人工活动）。

（2）程序测试。

程序测试是早已流行的概念。它是对编码阶段的语法错、语义错、运行错进行查找的编码执行活动。找出编码中错误的代码执行活动称程序测试。纠正编码中的错误的执行活动称程序调试。通过查找编码错与纠正编码错来保证算法的正确实现。

（3）软件确认与程序确认。

软件确认是广义上的软件测试，它是企图证明程序、软件在给定的外部环境中的逻辑正确性的一系列活动和过程。而程序确认指需求说明书的确认。程序确认又分成静态确认与动态确认。静态确认包括正确性证明、人工分析、静态分析。动态分析包括动态分析与动态测试。

（4）各种软件错误的出现比例。

① 功能错，占整个软件错误 27%，是需求分析设计不完整而引起的。

② 系统错，占整个软件错误 16%，是总体设计错误而引起的。

③ 数据错，占整个软件错误 10%，由编码错误引起的。

④ 编码错，占整个软件错误 4%，由程序员编码错误引起的。

⑤ 其他错，占整个软件错误 16%，由文档错和硬件错所引起的。

### 8.4.2　测试的原则

（1）测试前要认定被测试软件有错，不要认为软件没有错。

（2）要预先确定被测试软件的测试结果。

（3）要尽量避免测试自己编写的程序。

（4）测试要兼顾合理输入与不合理输入数据。

（5）测试要以软件需求规格说明书为标准。

（6）要明确找到的新错与已找到的旧错成正比。

（7）测试是相对的，不能穷尽所有的测试，要根据人力物力安排测试，并选择好测试用例与测试方法。

（8）测试用例留作测试报告与以后的反复测试用，重新验证纠错的程序是否有错。

### 8.4.3　软件测试的目标

（1）测试是为了发现程序中的错误而执行程序的过程；

（2）好的测试方案是极可能发现迄今为止尚未发现的错误的测试方案；

（3）成功的测试是发现了至今为止尚未发现的错误的测试。

### 8.4.4　测试方法

按照测试过程是否在实际应用环境中来分，测试方法有静态分析与动态测试。

测试方法有分析方法（包括静态分析法与白盒法）与非分析方法（称黑盒法）。白盒法是通过分析程序内部的逻辑与执行路线来设计测试用例进行测试的方法，白盒法也称逻辑驱动方法。黑盒法是功能驱动方法，仅根据 I/O 数据条件来设计测试用例，而不管程序的内部结构与路径如何。白盒法的具体设计程序测试用例的方法有：语句覆盖、分支（判定）覆盖、条件覆盖、路径覆盖（或条件组合覆盖），主要目的是提高测试的覆盖率。黑盒法的具体设计程序测试用例的方法有：等价类划分法，边界值分析法，错误推测法，主要目的是设法以最少测试数据子集来尽可能多的测试软件程序的错误。

（1）静态分析技术。

不执行被测软件，可对需求分析说明书、软件设计说明书、源程序做结构检查、流程分析、符号执行来找出软件错误。

（2）动态测试技术。

当把程序作为一个函数，输入的全体称为函数的定义域，输出的全体称为函数的值域，函数则描述了输入的定义域与输出值域的关系。这样的动态测试算法如下。

① 选取定义域中的有效值，或定义域外无效值。

② 对已选取值决定预期的结果。

③ 用选取值执行程序。

④ 观察程序行为，记录执行结果。

⑤ 将④的结果与②的结果相比较，不吻合则程序有错。

动态测试既可以采用白盒法对模块进行逻辑结构的测试，又可以用黑盒法做功能结构的测试、接口的测试，它们是以执行程序并分析执行结果来查错的。

（3）黑盒测试和白盒测试。

① 黑盒测试法。

黑盒测试法把程序看成一个黑盒子，完全不考虑程序的内部结构和处理过程。黑盒测试是在程序接口进行的测试，它只检查程序功能是否能按照规格说明书的规定正常使用，程序是否能适当地接收输入数据，产生正确的输出信息，并且保持外部信息的完整性。黑盒测试又称为功能测试。

② 白盒测试法。

白盒测试法的前提是可以把程序看成装在一个透明的白盒子里，也就是完全了解程序的结构和处理过程。这种方法按照程序内部的逻辑测试程序，检验程序中的每条通路是否都能按预定要求正确工作，白盒测试又称为结构测试。

## 8.4.5  设计测试方案

测试方案包括预定要测试的功能，应该输入的测试数据和预期的结果，其中最困难的问题是设计测试用的输入数据（即测试用例）。通常的做法是，用黑盒法设计基本的测试方案，再用白盒法补充一些方案。

（1）白盒法。

① 语句覆盖。

语句覆盖是设计若干个测试用例，运行被测程序，使得每一可执行语句至少执行一次。这种覆盖又称为点覆盖，它使得程序中每个可执行语句都得到执行，但它是最弱的逻辑覆盖准则，效果有限，必须与其他方法交互使用。

② 判定覆盖。

判定覆盖是设计若干个测试用例，运行被测程序，使得程序中每个判断的取真分支和取假分支至少经历一次。判定覆盖又称为分支覆盖。判定覆盖只比语句覆盖稍强一些，但实际效果表明，只是判定覆盖，还不能保证一定能查出在判断的条件中存在的错误。因此，还需要更强的逻辑覆盖准则去检验判断内部条件。

③ 条件覆盖。

条件覆盖是设计若干个测试用例，运行被测程序，使得程序中每个判断的每个条件的可能取值至少执行一次。

条件覆盖深入到判定中的每个条件，但可能不能满足判定覆盖的要求。

④ 判定/条件覆盖。

判定/条件覆盖就是设计足够的测试用例，使得判断中每个条件的所有可能取值至少执行一次，同时每个判断本身的所有可能判断结果至少执行一次。换言之，即是要求各个判断的所有可能的条件取值组合至少执行一次。

判定/条件覆盖有缺陷。从表面上来看，它测试了所有条件的取值。但是事实并非如此。往往某些条件掩盖了另一些条件，会遗漏某些条件取值错误的情况。为彻底地检查所有条件的取值，需要将判定语句中给出的复合条件表达式进行分解，形成由多个基本判定嵌套的流程图，这样就可以有效地检查所有的条件是否正确了。

⑤ 条件组合覆盖。

条件组合覆盖就是设计足够的测试用例，运行被测程序，使得每个判断的所有可能的条件取值组合至少执行一次。这是一种相当强的覆盖准则，可以有效地检查各种可能的条件取值的组合是否正确。它不但可覆盖所有条件的可能取值的组合，还可覆盖所有判断的可取分支，但可能有的路径会遗漏掉，测试还不完全。

⑥ 点覆盖。

点覆盖和语句覆盖的标准相同。

⑦ 边覆盖。

边覆盖和判定覆盖是一致的。

⑧ 路径覆盖。

路径覆盖是设计足够的测试用例，覆盖程序中所有可能路径，这是最强的覆盖准则。但在路径数目很大时，真正做到完全覆盖是很困难的，必须把覆盖路径数目压缩到一定限度。

这部分是本章的重点，要求掌握语句覆盖、判定覆盖和条件覆盖，会做题。

（2）黑盒法。

① 等价划分。

等价划分是一种典型的黑盒测试方法。使用这一方法时，完全不考虑程序的内部结构，只依据程序的规格说明来设计测试用例。由于不可能用所有可以输入的数据来测试程序，而只能从全部可供输入的数据中选择一个子集进行测试。如何选择适当的子集，使其尽可能多地发现错误呢？解决的办法之一就是等价类划分。

首先把数目极多的输入数据（有效的和无效的）划分为若干等价类。所谓等价类是指某个输入域的子集合。在该子集合中，各个输入数据对于揭露程序中的错误都是等效的。并合理地假定：测试某等价类的代表值就等价于对这一类其他值的测试。因此，我们可以把全部输入数据合理划分为若干等价类，在每一个等价类中取一个数据作为测试的输入条件，就可用少量代表性测试数据，以取得较好的测试效果。

等价类的划分有两种不同的情况。

• 有效等价类：是指对于程序规格说明来说，是合理的，有意义的输入数据构成的集合。利用它，可以检验程序是否实现了规格说明预先规定的功能和性能。

• 无效等价类：是指对于程序规格说明来说，是不合理的，无意义的输入数据构成的集合。利用它，可以检查程序中功能和性能的实现是否有不符合规格说明要求的地方。

在设计测试用例时，要同时考虑有效等价类和无效等价类的设计。

在确立了等价类之后，建立等价类表，列出所有划分出的等价类，如表 8-1 所示。

表 8-1　等价类表

| 输入条件 | 有效等价类 | 无效等价类 |
| --- | --- | --- |
| ... | ... | ... |
| ... | ... | ... |

再从划分出的等价类中按以下原则选择测试用例：

• 设计尽可能少的测试用例，覆盖所有的有效等价类；

• 针对每一个无效等价类，设计一个测试用例来覆盖它。

② 边界值分析。

人们从长期的测试工作经验得知，大量的错误是发生在输入或输出范围的边界上，而不是在输入范围的内部。因此针对各种边界情况设计测试用例，可查出更多的错误。

使用边界值分析方法设计测试用例，首先应确定边界情况。通常输入等价类与输出等价类的边界，就是应着重测试的边界情况。应当选取正好等于，刚刚大于，或刚刚小于边界的值作为测试数据，而不是选取等价类中的典型值或任意值作为测试数据。

边界值分析方法是最有效的黑盒测试方法，但当边界情况很复杂的时候，要找出适当的测试用例还需针对问题的输入域、输出域边界，耐心细致地逐个考虑。

③ 错误推测。

人们靠经验和直觉推测程序中可能存在的各种错误，从而有针对性地编写检查这些错误的例子，这就是错误推测法。其基本想法是：列举出程序中所有可能有的错误和容易发生错误的特殊情况，根据它们选择测试用例。

### 8.4.6　软件测试的过程和策略

测试过程按 4 个步骤进行，即单元测试、组装测试、确认测试和系统测试。

（1）单元测试：单元测试也称模块测试、逻辑测试、结构测试，测试的方法一般采用白盒法，以路径覆盖为最佳测试准则。

（2）组装测试：单元测试之后便进入组装测试。尽管模拟了驱动模块和存根模块进行单元测试，由于测试不能穷尽，单元测试又会引入新错误，单元测试后肯定会有隐藏错误，组装不可能一次成功，必须经测试后才能成功。组装测试分为增式组装测试和非增式组装测试。所谓非增式组装，按照结构图一次性将各单元模块组装起来。所谓增式组装是指按照结构图自顶向下或自底向上逐渐安装。

（3）确认测试：确认测试也称合格测试或称验收测试。组装后已成为完整的软件包，消除了接口的错误。确认测试主要由使用用户参加测试，以检验软件规格说明的技术标准的符合程度，它是保证软件质量的最后关键环节。

（4）系统测试：一般的系统除了确认测试外，还要做如下几个方面的系统测试：

① 恢复测试；

② 安全测试；

③ 强度测试；

④ 性能测试。

### 8.4.7　调试技术

（1）调试的概念和步骤。

软件调试则是在进行了成功的测试之后才开始的工作。它与软件测试不同，软件测试的目的是尽可能多地发现软件中的错误,但进一步诊断和改正程序中潜在的错误，则是调试的任务。

调试活动由两部分组成。

① 确定程序中可疑错误的确切性质和位置。

② 对程序（设计、编码）进行修改，排除这个错误。

（2）几种主要的调试方法。

现有的调试方法主要有三类：输出存储器内容，打印语句，自动工具。

（3）调试的原则和策略。

调试过程的关键是用来推断错误原因的基本策略，常用的调试策略主要有试探法、回溯法、对分查找法、归纳法、演绎法。

### 8.4.8　软件可用性

软件可用性是程序在给定的时间点，按照规格说明书的规定成功运行的概率。

### 8.4.9　软件可靠性

软件可靠性是程序在给定的时间间隔内，按照规格说明书的规定成功运行的概率。可靠性的分析方法——估算平均无故障时间。

估算错误产生频度的一种方法是估算平均失效等待时间（Mean Time To Failure，MTTF）。MTTF 估算公式（Shooman 模型）是

$$MTTF = \frac{1}{K(E_T/I_T - E_c(t)/I_T)}$$

式中，$K$——一个经验常数，美国一些统计数字表明，$K$ 的典型值是 200；

$E_T$——测试之前程序中原有的故障总数；

$I_T$——程序长度（机器指令条数或简单汇编语句条数）；

$t$——测试（包括排错）的时间；

$E_c(t)$——在 $0 \sim t$ 期间内检出并排除的故障总数。

# 8.5　威客系统开发的软件测试规格说明书

1　引言
　1.1　编写目的
　1.2　项目背景
2　测试计划
　2.1　人员分配与职责划分
　2.2　时间进度计划
3　系统测试
　3.1　系统测试的方法
　3.2　系统测试的步骤
　3.3　系统测试的内容
　3.4　系统测试的过程
4　评价准则
　4.1　评价范围
　4.2　评价准则

### 1　引言
#### 1.1　编写目的
本文档是详细描述对校园威客系统进行软件测试的过程，所有测试功能均基于

《校园威客系统需求规格说明书》，说明测试内容和测试方案，为测试的执行和质量评估提供依据和指导。主要内容包括单元测试、集成测试、系统测试、Bug 管理，提供一个对该系统软件整体的测试计划，同时也为相关人员提供对该系统提出建设性意见的相关依据。

预期读者：项目经理，用户，开发人员，测试人员。

## 1.2　项目背景

软件测试贯穿了软件开发的整个过程，软件测试为交付可靠的软件成品提供了保障。针对本系统的登录模块，用户信息管理，交易管理，搜索系统，即时聊天系统进行测试。

## 2　测试计划

## 2.1　人员分配与职责划分

人员分配如表 8-2 所示。

表 8-2　人员分配

| 测试角色 | 数　量 | 职　责 |
|---|---|---|
| 项目测试负责人 | 1 名 | 负责跟踪管理本项目测试工作，确保产品无严重质量错误 |
| 单元测试人员 | 2 名 | 负责单元测试，以及配合集成测试人员 |
| 集成测试人员 | 1 名 | 负责集成测试，以及配合系统测试人员进行系统测试 |
| 系统测试人员 | 1 名 | 负责系统测试，并提交相关报告 |

## 2.2　时间进度计划

本系统主要进行单元测试、集成测试、系统测试，遵循自底向上原则，针对每个测试都要考虑到其合法与非法的情况，以及尽最大程度考虑到现实情况下可能出现的所有情况，保障系统的稳定性与可靠性。测试时间如表 8-3 所示。

表 8-3　测试时间

| 测试类型 | 工作日 | 起始时间 | 结束时间 |
|---|---|---|---|
| 单元测试 | 3 | 2012-11-29 | 2012-12-03 |
| 集成测试 | 2 | 2012-12-04 | 2012-12-05 |
| 系统测试 | 2 | 2012-12-06 | 2012-12-07 |

## 3　系统测试

## 3.1　系统测试的方法

由于各种因素和条件的限制，对校园威客平台采用黑盒测试和白盒测试相结合的方法，根据本系统需要输入的数据格式，操作以及所需要完成的功能，尽可能用完善的设计合法和不合法的测试用例，来检查系统是否能够正常运行，完成需求分析所预期的功能。对于不合法的输入和操作，系统是否能够正确地识别和防御，显示出友好提示，提高用户的体验度。

## 3.2 系统测试的步骤

对于系统的各个单元模块，采用白盒测试方法。单元测试结束后，进行集成测试，发现并排除在模块连接中可能发生的异常，组装成子系统，遵循自底向上的原则。最后进行系统测试，完善系统，提高系统性能。

## 3.3 系统测试的内容

根据需求分析文档的功能描述，校园威客系统平台主要有用户信息管理，需求信息管理，交易管理，搜索，即时聊天功能。需对这几个模块进行测试。

### 3.3.1 用户信息管理测试

主要针对用户的注册和用户信息的修改，先进行单元测试，再进行集合测试。

（1）用户注册。

测试系统的注册模块是否正确、合理。注册成功给予提示，注册失败提示原因。

（2）用户信息的修改。

测试系统会员信息修改模块是否正确、合理。用户可以修改自己的个人信息、头像、密码等功能。"修改成功"，"修改失败"提示。

### 3.3.2 需求信息管理测试

主要测试需求信息管理是否正确、合理。主要包含发布需求和补充需求说明两方面，发布需求成功或失败给予相应的提示。

### 3.3.3 交易管理测试

主要测试交易管理是否正确、合理。主要包含投标和选标，先进行单元测试，再进行集合测试。

（1）投标测试。

主要测试用户投标是否正确、合理。投标是否成功都要给予相应的提示，若投标成功则需刷新相应的界面。

（2）选标测试。

主要测试用户选标模块是否合理、正确。选标是否成功都要给予相应的提示。若选标成功则需要刷新相应的界面，通知中标者中标。

### 3.3.4 登录模块测试

测试系统的用户登录模块是否正确、合理。若登录成功则转入相应的界面。若登录失败，应提示失败的原因。

### 3.3.5 即时聊天测试

测试即时聊天模块是否正确、合理。先进行单元测试，再集成到本系统中，主要测试传输数据是否成功、丢失。

### 3.3.6 搜索模块测试

测试搜索模块是否正确，合理。若搜索成功则转入搜索结果界面。若搜索结果为空，则搜索界面无结果。

### 3.4 系统测试的过程

#### 3.4.1 单元测试

单元测试主要采用黑盒测试的方法，常采用等价类划分法和边界值分析法，尽量发现测试单元的错误，避免出现严重质量错误。

投标单元测试：投标单元模块测试用例设计如下。

用户点击"立即投标"即可参与投标，用户填写"简易投标书"，若有附件即可浏览上传本地附件，点击"确定"投标，点击"取消"取消投标。投标成功后，显示投标成功，系统默认附件是不可见，在投标情况显示投标记录和简易投标书。若标书仍有效，"立即投标"改为"修改投标"，供应商可以修改投标。若标书已无效，"修改投标"改为"投标结束"，则不能修改简易投标书。投标测试用例如表8-4所示。

表 8-4　投标测试用例

| 序号 | 输　入 | 预期输出 | 实际输出 |
|---|---|---|---|
| 1 | 点击"立即投标" | 弹出"投标框" | 与预期结果相符 |
| 2 | 点击"立即投标"，不填写投标书，不添加附件 | 弹出"投标成功"，投标情况栏显示投标信息，"立即投标"改为"修改投标" | 与预期结果相符 |
| 3 | 点击"立即投标"，填写投标书，不添加附件 | 弹出"投标成功"，投标信息栏显示投标信息，"立即投标"改为修改投标 | 与预期结果相符 |
| 4 | 点击"立即投标"，填写投标书，添加附件 | 弹出"投标成功"，投标信息栏显示投标信息，"立即投标"改为"修改投标" | 与预期结果相符 |
| 5 | 点击"修改投标" | 弹出修改投标框 | 与预期结果相符 |
| 6 | 点击"修改投标"，不填写投标书，不添加附件 | 弹出"修改成功"，投标情况栏显示投标信息 | 与预期结果相符 |
| 7 | 点击"修改投标"，填写投标书，不添加附件 | 弹出"修改成功"，投标情况栏显示投标信息 | 与预期结果相符 |
| 8 | 点击"修改投标"，填写投标书，添加附件 | 弹出"修改成功"，投标情况栏显示投标信息 | 与预期结果相符 |
| 9 | 投标过后，标书到达有效期 | "修改投标"改为"投标已结束"，不能修改投标 | 与预期结果相符 |

#### 3.4.2 集成测试

当通过单元测试的单元，便可以进行集成测试。集成测试需要编写相应的组装模块和驱动模块，集成测试主要测试各个单元模块在传输数据时是否丢失，稳定的性能。

● 交易管理子系统集成测试。

在校园威客系统中，用户通过登录模块登录到本系统，点击"发布需求"发布相关信息。其余威客浏览到该信息的时候，参与投标，点击"立即投标"开始投标。招标书到期后，发布者选标，系统提示投标者中标，测试数据是否正常运行，具体测试步骤如下。

① 用户通过登录模块登录系统。

② 用户点击"发布需求"发布相关信息。

③ 威客浏览该信息，点击"立即投标"发布投标书。

④ 发布者在招标书到期后，进入系统选标，若有附件可以浏览附件。点击"中标"按钮，选标成功，若界面没有刷新以及右侧状态没有改变，则出现错误。系统若没有提示中标者，则系统出现错误。

若发现错误，修改 BUG 过后，进行回归测试。

### 4 评价准则

#### 4.1 评价范围

主要是对系统的性能、负载等的评价，是为了更好量化衡量系统。主要是由测试人员、系统设计人员等对系统结果的评估，以确定系统测试是否通过，主要工作是对手工或自动化测试工具得出的测试结果进行分析，提交测试分析报告。

#### 4.2 评价准则

主要是定义 BUG 的级别，用于评价系统的性能。

一级：导致系统无法实现功能目标，使用无法继续进行，主要包括程序的非法停止、程序死机、关键需求未实现等。

二级：导致系统无法正常实现功能目标，但知道如何通过相应方法进行修改。主要包括：程序非正常终止但可以避免，非关键需求理解错误。

三级：系统功能目标基本实现，软件功能与需求基本相符，但部分功能错误或者界面显示有误。

四级：界面显示与需求相符，但用户使用不方便，界面不友好，体验度不高。

# 8.6 软件维护

## 8.6.1 软件维护的定义

人们称在软件运行/维护阶段对软件产品所进行的修改就是软件维护。

## 8.6.2 维护的分类

① 改正性维护。

在软件交付使用后，必然会有一部分隐藏的错误被带到运行阶段来。这些隐藏下来的错误在某些特定的使用环境下就会暴露出来。为了识别和纠正软件错误，改正软件性能上的缺陷，排除实施中的误使用，应当进行诊断和改正错误的过程，就叫做改正性维护。

② 适应性维护。

随着计算机的飞速发展，外部环境(新的硬、软件配置)或数据环境(数据库、数据格式、数据输入/输出方式、数据存储介质)可能发生变化，为了使软件适应这种变化，而去修改软件的过程就叫做适应性维护。

③ 完善性维护。

在软件的使用过程中，用户往往会对软件提出新的功能与性能要求。为了满足这些要求，需要修改或再开发软件，以扩充软件功能、增强软件性能、改进加工效率、提高软件的可维护性。这种情况下进行的维护活动叫做完善性维护。

④ 预防性维护。

这是为了提高软件的可维护性、可靠性等，为以后进一步改进软件打下良好基础。通常，预防性维护定义为："把今天的方法学用于昨天的系统以满足明天的需要。"也就是说，采用先进的软件工程方法对需要维护的软件或软件中的某一部分（重新）进行设计、编制和测试。

### 8.6.3　维护的问题

软件维护存在的绝大多数问题，都是由于软件定义和软件开发的方法有问题。在软件生命周期的头两个时期没有严格而又科学的管理和规划，几乎必然会导致在最后阶段出现问题。

### 8.6.4　维护成本

有形的软件维护成本是花费了多少钱，而其他非直接的维护成本有更大的影响。例如，无形的成本可以是：

① 一些看起来是合理的修复或修改请求不能及时安排，使得客户不满意；

② 变更的结果把一些潜在的错误引入正在维护的软件，使得软件整体质量下降；

③ 当必须把软件人员抽调到维护工作中去时，就使得软件开发工作受到干扰。

软件维护的代价是在生产率方面的惊人下降。有报告说，生产率将降到原来的四十分之一。维护工作量可以分成生产性活动（如分析和评价、设计修改和实现）和"轮转"活动（如力图理解代码在做什么、试图判明数据结构、接口特性、性能界限等）。下面的公式给出了一个维护工作量的模型。

$$M = p + \mathrm{K}e^{c-d}$$

其中，*M* 是维护中消耗的总工作量，*p* 是上面描述的生产性工作量，K 是一个经验常数，*c* 是因缺乏好的设计和文档而导致复杂性的度量，*d* 是对软件熟悉程度的度量。

这个模型指明，如果使用了不好的软件开发方法（未按软件工程要求做），原来参加开发的人员或小组不能参加维护，则工作量（及成本）将按指数级增加。

### 8.6.5　软件维护工作流程

（1）先确认维护要求。这需要维护人员与用户反复协商，弄清错误概况以及对业务的影响大小，以及用户希望做什么样的修改。然后由维护组织管理员确认维护类型。

（2）对于改正性维护申请，从评价错误的严重性开始。如果存在严重错误，则必须安排人员，在系统监督员的指导下，进行问题分析，寻找错误发生的原因，进行"救火"性的紧急维护；对于不严重的错误，可根据任务、机时情况、视轻重缓急进行排队，统一安排时间。

（3）对于适应性维护和完善性维护申请，需要先确定每项申请的优先次序。若某项申请的优先级非常高，就可立即开始维护工作。否则，维护申请和其他的开发工作一样进行排队，统一安排时间。

（4）尽管维护申请的类型不同，但都要进行同样的技术工作。这些工作有：修改软件需求说明、修改软件设计、设计评审、对源程序做必要的修改、单元测试、集成测试（回归测试）、确认测试、软件配置评审等。

（5）在每次软件维护任务完成后，最好进行一次情况评审、确认。

### 8.6.6　程序修改的步骤

为了正确、有效地修改，需要经历以下三个步骤：

（1）分析和理解程序；

（2）修改程序；

（3）重新验证程序。

### 8.6.7　程序修改的副作用

所谓副作用是指因修改软件而造成的错误或其他不希望发生的情况，有三种副作用。

（1）修改代码的副作用。在使用程序设计语言修改源代码时，都可能引入错误。

（2）修改数据的副作用。在修改数据结构时，有可能造成软件设计与数据结构不匹配，因而导致软件出错。数据副作用就是修改软件信息结构导致的结果。

（3）文档的副作用。对数据流、软件结构、模块逻辑或任何其他有关特性进行修改时，必须对相关技术文档进行相应修改，否则会导致文档与程序功能不匹配，缺省条件改变，新错误信息不正确等，使得软件文档不能反映软件的当前状态。对于用户来说，软件事实上就是文档。如果对可执行软件的修改不反映在文档里，就会产生文档的副作用。

### 8.6.8　软件的可维护性

所谓软件可维护性，是指维护人员对该软件进行维护的难易程度，具体包括理解、改正、改动和改进该软件的难易程度。提高可维护性是指导软件工程方法所有步骤的基本原则，也是软件工程追求的主要目标之一。影响软件可维护性的因素有：系统的大小、系统的年龄、结构的合理性。除此之外，还包括应用的类型、程序设计的语言、使用的数据库技术等。

### 8.6.9　可维护性的度量

可维护性、可测试性、可靠性是衡量软件质量的几个主要质量特性，是用户十分关心的几个方面。可惜的是影响软件质量的这些重要因素，目前还没有对它们定量度量的普遍适用方法。

（1）可理解性。

可理解性表明人们通过阅读源代码和相关文档，了解程序功能及其如何运行的容易程度。模块化、良好详尽的设计文档、结构化设计、源代码内部的文档和良好的高级程序语言等，都能提高软件的可理解性。

（2）可测试性。

可测试性表明论证程序正确性的容易程度。程序越简单，证明其正确性就越容易。而且设计合用的测试用例，取决于对程序的全面理解。因此，一个可测试的程序应当是可理解的，可靠的，简单的。

（3）可修改性。

可修改性表明程序容易修改的程度。一个可修改的程序应当是可理解的、通用的、灵活的、简单的。其中，通用性是指程序适用于各种功能变化而无需修改。灵活性是指能够容易地对程序进行修改。

（4）可移植性。

可移植性表明程序转移到一个新的计算环境的可能性的大小。或者它表明程序可以容易地、有效地在各种各样的计算环境中运行的容易程度。

## 8.6.10　提高可维护性的方法

（1）明确软件的质量目标；
（2）利用先进的软件技术和工具；
（3）选择便于维护的程序设计语言；
（4）采取有效的质量保证措施；
（5）完善程序的文档。

# 第9章 案例分析

此章以会议管理系统为例,介绍案例分析的详细过程。

## 9.1 问题陈述

有一个对外营业的会议中心,有各种不同规格的会议室,为用户提供以下服务:

(1)用户可以按照会议人数、会议时间预订会议室。可以只预订1次,也可预订定期召开的会议。

(2)开会前允许修改会议时间、人数,重新选择会议室,甚至取消预订的会议。

(3)确定会议预订后,会议中心负责会务管理:包括通过邮寄或电子邮件,通知开会人员有关会议信息,制作代表证等。

(4)系统根据会议室的使用情况(紧张与否),调整、更改会议室和会议时间,并调整修改预订会议的时间。

## 9.2 建立用例模型

### 9.2.1 识别角色

找出所有可能与系统发生交互行为的外部实体、对象、系统。

考虑系统的主要功能的使用者,就会想到用户和系统管理者,但如果直接将用户定义为角色,系统的所有功能几乎都由用户使用。根据问题的描述,系统要求将会议和会议的召开分开来。

从会议的角度看,允许用户定义、更改或删除一个会议。

从会议召开的角度看,允许用户为某个会议定义召开时间、参加人数,更改相应的数据或删除已定义的会议召开。

因此,将用户识别为"会议管理者"和"会议申请者"两个角色。

本系统定义以下角色。

- 会议管理者(Meeting Administrator)。
- 会议申请者(Meeting Instance Requester)。
- 邮局(Post Office)。

- 会议人员管理（Attendee Management）。
- 系统维护者（System Maintainer）。

## 9.2.2　用例识别

在识别角色的基础上，列出与角色相关的用例，有的用例与多个角色相关，经过分析，确定系统的用例。

（1）与会议管理者相关的用例。

定义一个会议（Define Meeting）。

更改一个会议（Alter Meeting）。

删除一个会议（Remove Meeting）。

（2）与会议申请者相关的用例。

申请会议召开（Request Meeting Instance）。

更改申请（Chang Request）。

取消申请（Cancel Request）。

定义参加人员（Add Attendee）。

归还会议室（Release Room）。

## 9.2.3　会议管理系统的 Use case 图

会议管理系统的 Use case 图如图 9-1 所示。

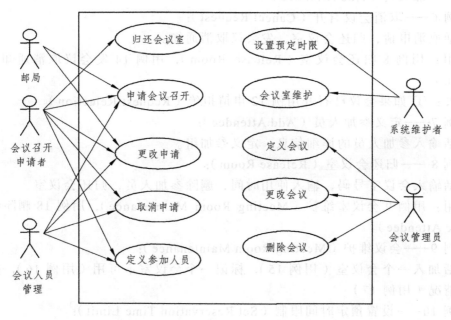

图 9-1　会议管理系统的 Use case 图

### 9.2.4 对用例的进一步描述

用例 1——定义会议（Define Meeting）：

包括输入会议名称，确定会议规模，确定会议类型。（其中会议规模是指参会人数范围）

用例 2——更改会议（Alter Meeting）：

包括改变会议名称，改变会议规模，改变会议召开频度。

用例 3——删除会议（Remove Meeting）：

如果该会议没有召开申请，从会议列表中删除；如果该会议有召开申请，取消与之相关的会议召开信息，删除该会议。

使用：用例 8 删除参加人员（Remove Attendee），用例 6 取消申请（Cancel Request）。

用例 4——申请会议召开（Request Meeting Instance）：

包括确定召开时间（年、月、日），确定参加人员，确定候选会议室，发会议通知。

使用：用例 11 发会议通知（Inform of Meeting），用例 13 选择参加组（Select Group Attendee）。

扩展：① 如果召开时间在申请时限之外用例 12 申请拒绝（Request Rejection）；② 如果还没定义参加人员用例 7 定义参加人员（Add Attendee）。

用例 5——更改申请（Modify Request）：

包括更改召开时间，更改参加人员，更改取得会议室，发会议更改通知。

使用：用例 13 选择参加组（Select Group Attendee），用例 11 发会议通知（Inform of Meeting）。

扩展：① 如果更改的时间不合法，用例 12 申请拒绝（Request Rejection）；② 用例 7 定义参加人员（Add Attendee）。

用例 6——取消会议召开（Cancel Request）：

包括取消申请，归还会议室，发会议取消通知。

使用：用例 8 归还会议室（Release Room），用例 14 发会议取消通知（Inform Rejection）。

扩展：① 如果会议已召开用例 12 申请拒绝（Request Rejection）。

用例 7——定义参加人员（Add Attendee）：

包括输入参加人员的详细信息，定义参加组。

用例 8 ——归还会议室（Release Room）：

包括输入会议室号码，输入使用时间，删除参加人员，归还会议室。

使用：用例 9 会议室维护（Meeting Room Maintenance），用例 18 删除参加人员（Remove Attendee）。

用例 9——会议维护（Meeting Room Maintenance）：

包括加入一个会议室（用例 15），标记一个会议室不可用（用例 16），查询会议室预定情况（用例 17）

用例 10——设置预定时间限制（Set Reservation Time Limit）：

包括设置时间限制。

用例 11——发会议通知（Inform of Meeting）：

包括从会议管理人员获得参加人员的投递地址，填写通知（会议召开时间、会议室号码），发送通知。

用例 12——申请拒绝（Request Rejection）：

包括作废当前的一切输入，中止用户当前的操作。

用例 13——选择会议参加人员组（Select Group Attendee）：

包括浏览会议组成员，选择参加组。

用例 14——会议取消通知（Inform of Cancellation）：

包括从会议管理人员处获取参加人员地址，填写通知，发送通知。

用例 15——增加会议室（Add Meeting Room）：

包括输入会议室号码，输入会议室规模，输入会议室可使用状态（可使用、不可使用），加入该会议室。

用例 16。包括设置会议室不可使用（Set Unusable Flag），输入会议室号码，通知该会议室的预定者，标记该会议室的可用状态为不可用。

用例 17。包括查询会议室的使用情况（Browse MeetingRoom usage），输入会议室号码，查询本用例返回会议室的使用状态（已使用、空闲）和会议室的可否使用情况。

用例 18。包括删除会议参加人员（Remove Attendee），删除参加组，图 9-2 描述了会议管理系统完整的用例模型。

### 9.2.5  完整的会议管理系统的 Use case 图

完整的会议管理系统的 Use case 图如图 9-2 所示。

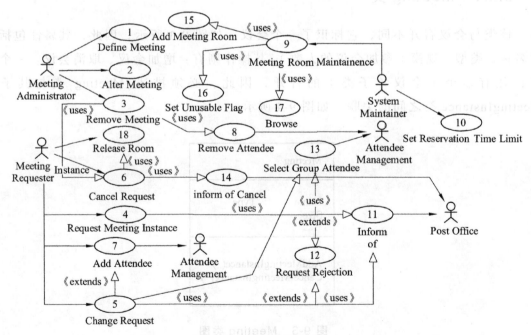

**图 9-2  完整的会议管理系统 Use case 图**

# 9.3　建立类模型

除了用例模型外，其他模型都依赖于类模型，因此，类模型是 OO 方法的核心，类模型从对象的角度描述系统的组成，描述类（对象）及相互间的关系。为了建立类模型，首先要识别类。鉴于篇幅，这里就不再讨论类的识别过程。通过分析，识别以下类。

（1）Meeting 类，标识一个会议（名称、类型、规模）。

（2）MeetingInstance 类，Meeting 类的子类，对会议时间、人数等进行描述。

（3）MeetingRoom 类，描述会议室的有关信息。

（4）MeetingAdministration 类，管理会议。

（5）Attendee 类，描述参会人员（姓名、性别、地址、头衔等）。

（6）GroupAttende 类，创建一个参加会议的组。

（7）Address 类，描述邮寄地址 E-mail 地址。

（8）PostOffice 类，负责发送邮寄通知。

（9）AttendeeManagement 类，数据库管理。

（10）ReservationCriteria 类，定义会议室预定准则。

（11）Information 类，构造一条通知。

## 9.3.1　Meeting 类

该类与会议召开不同，它标识了一个会议，如图 9-3 所示，因此，其属性包括会议名称、类型、规模（参加会议的人数）。其操作则有：增加会议、取消会议。一个会议往往有多个子会议（子类）的召开，因此，必须描述 Meeting 类与其子类 MeetingInstance 类之间的关联，如图 9-4 所示。

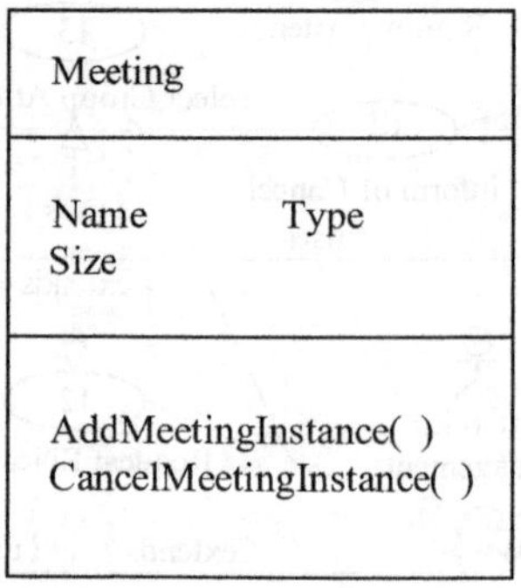

图 9-3　Meeting 类图

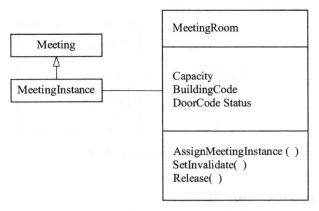

图 9-4 MeetingInstance 类图

### 9.3.2 MeetingInstance 类

MeetingInstance 类是 Meeting 类的子类,描述会议的具体情况,会议的开始(Start Time)、结束时间(End Time),参会的人数(AttendeeNumber),其操作有:添加参加人员 AddAttendee( )、添加参加人员组 AddGroupAttendee( ),而 AttachMeetingRoom( )表示为该类分配一个会议室,而 Cancel( )则表示取消该会议的召开。

### 9.3.3 MeetingRoom 类

该类描述了有关会议室的情况,因此 MeetingRoom 类的属性包括:会议室的规模 Capacity,位置 BuildingCode、DoorCode,使用状态 Status(正在使用、已预定、空)。

该类的操作有:AssignMeetingInstance() 将 MeetingRoom 分配给 MeetingInstance 对象,而 SetInvalidate()则表示当会议室出现故障时,将其状态设置为不可用。Release()为归还会议室。

当会议被预定后,为了便于查询某个会议室预定给了哪个会议,应建立类 MeetingRoom 与类 MeetingInstanc 之间的双向关联,这里定义为 1:1,如图 9-5 所示。

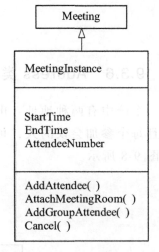

图 9-5 MeetingRoom 类图

### 9.3.4 Attendee 类

Attendee 类描述参加会议人员的有关信息,如:姓名、性别、地址、E-mail 地址、头衔等。MeetingInstance 类与 Attendee 类之间有一对多的关联"1..*",如图 9-6 所示。

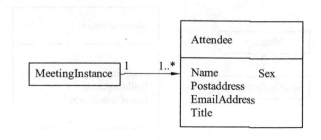

图 9-6 Attendee 类图

### 9.3.5 GroupAttendee 类

该类可创建一个参加会议的组，便于按照小组选择参加会议的人员。MeetingInstance 类与 GroupAttendee 类之间有一对多的关联 "0..*"，如图 9-7 所示。

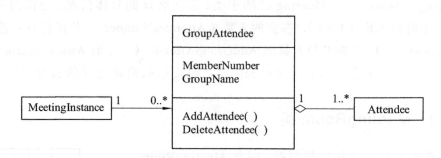

图 9-7 GroupAttendee 类图

### 9.3.6 Address 类

系统中有两种地址：电子邮件地址（EmailAddress）和邮寄地址（PostAddress），而且每个参加会议的人，可以有一个或者多个邮寄地址，有 0 个或多个 Email 地址，如图 9-8 所示。

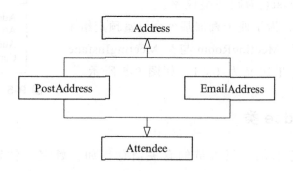

图 9-8 Address 类图

### 9.3.7 PostOffice 类

负责发送邮寄通知。PostOffice 类分别与 PostAddress、EmailAddress 和 Information 之间有一对多的关联，如图 9-9 所示。

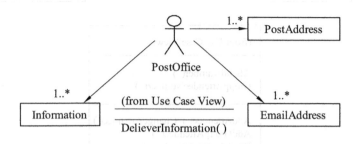

图 9-9 PostOffice 类图

### 9.3.8 Information 类

该类用于构造一条通知。在本系统中，通常有三种：会议召开通知，会议更改通知，会议取消通知。如下例所示，通知的内容常包括标题、接受者、会议内容、会议时间及发通知的时间等，如图 9-10 所示。

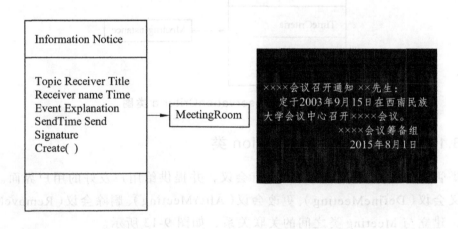

图 9-10 Information 类图

### 9.3.9 AttendeeManagement 类

该类使用数据库对参加会议的人员进行管理。分析阶段只确定该类与系统的接口，有关数据库的设计在设计阶段解决。该类与 GroupAttendee 类及 Attendee 类的关联如图 9-11 所示。

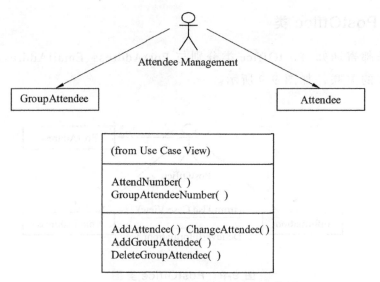

图 9-11　AttendeeManagement 类图

### 9.3.10　ReservationCriteria 类

该类定义了预定会议室的准则(如时间)，并建立会议实例（MeetingInstance 类）与该类之间的联系，如图 9-12 所示。

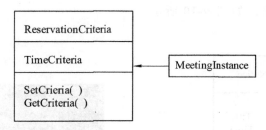

图 9-12　ReservationCriteria 类图

### 9.3.11　MeetingAdministration 类

该类管理系统中由用户定义的所有会议，并提供给用户友好的用户界面。由于该类有定义会议（DefineMeeting）、更改会议（AlterMeeting）、删除会议（RemoveMeeting）等操作，建立与 Meeting 类之间的关联关系，如图 9-13 所示。

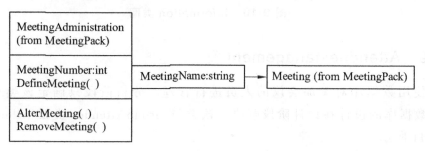

图 9-13　MeetingAdministration 类图

会议管理系统类图，如图 9-14 所示。

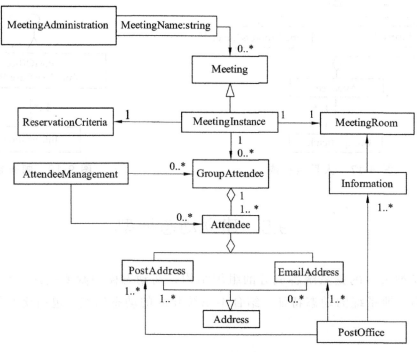

**图 9-14　会议管理系统类图**

# 9.4　建立系统包图

引入包图来对类进行管理，本系统的包图如图 9-15 所示。系统由会议包
（MeetingPack）、人员包（AttendeePack）和邮寄包（PostOfficePack）三类包组成。图
9-16、图 9-17、图 9-18 分别描述了这三类包的构成。

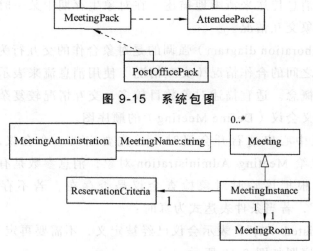

**图 9-15　系统包图**

**图 9-16　会议包构成**

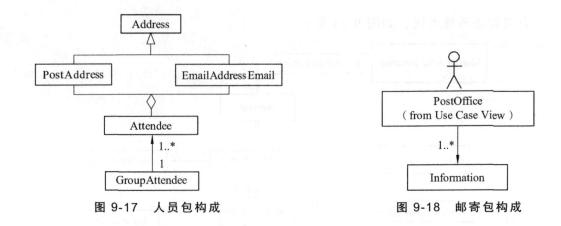

图 9-17　人员包构成　　　　　　　　　图 9-18　邮寄包构成

# 9.5　建立动态模型

静态模型关注的是系统各成分的组织结构，而动态模型则要描述系统各成分之间的交互行为，即系统的动态特征。结合本系统建立的动态模型，包括交互图、合作图、活动图。

## 9.5.1　对象交互模型

在面向对象的方法中，一切元素都与对象紧密相关，事件也不例外。因此，对象在其生命期中不断地与其他对象交互。使用对象交互模型来描述用例图中的每个用例，从对象观点来描述用例的动态交互过程。

在 UML 中，交互模型由两类图来描述：

顺序图（Sequence diagram）强调的是对象交互行为的时间"顺序"，直观描述了对象的生存期，用消息传送来清晰地描述了在对象生存期中某一时刻的动态行为。只适宜描述简单的对象交互情况。

合作图（Collaboration diagram）强调的是对象合作的交互行为关系，对象间由各种关联连接，对象之间的合作情况（交互情况）使用消息流来表示，但消息没有发送时间和传送时间的概念。适宜描述对象数目较多，交互情况较复杂的情况。

（1）用例：定义会议（Define Meeting）的顺序图。

当用户向会议中心申请召开会议时，首先要定义一个会议。会议管理者发送 DefineMeeting 消息给 Meeting Administration 对象，消息参数是有关会议的一个临时对象（meeting），根据该临时对象检查会议是否存在，若不存在，创建新会议："2:{new(meeting)}"，若当条件表达式为真时：

"[IsMeetingExisted=.T.]"，表示会议已经被定义，不需要再定义。

定义会议的顺序图如图 9-19 所示。

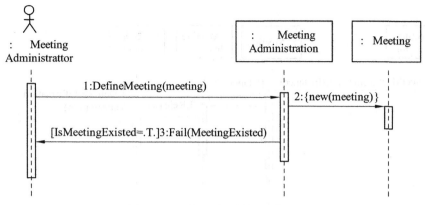

图 9-19　定义会议的顺序图

（2）用例：取消会议(Remove Meeting )的顺序图。

当用户确定要取消某个会议时，首先检查会议是否定义，如果没有可以直接删除，否则要先取消相关的会议。

如图 9-20 所示，首先系统用户对象 MeetingAdministrator 发出 RemoveMeeting（MeetingName）消息给对象 MeetingAdministration，通过消息的参数检索要取消的会议对象，并向该对象发出取消会议召开的消息。表达式"[IsOpen=.F.]"表示如果会议不处于召开状态，就取消它。表达式"[IsAllMeetingInstancesCanceled=.T.]"表示该会议的所有会议召开都已经被取消，则会议管理就发出取消会议召开的消息。否则返回取消失败（如会议正在召开）的消息。

取消会议的顺序图如图 9-20 所示。

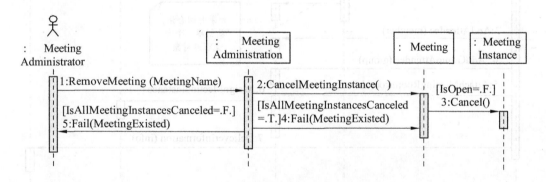

图 9-20　取消会议的顺序图

（3）用例：撤销会议召开（Cancel Requestment ）的顺序图。

要撤销某个会议召开，发送 Cancel 信息给 MeetingInstance 对象。该对象先要在 Meeting 对象中注销自己，再归还已分配的会议室，并向参会人员发撤销会议的通知。

图 9-21 中会议管理对象发送给会议对象的消息 CancelMeetingInstance（Instance）中的参数用于检索会议召开。条件表达式"[IsOpen=.F.]"表示如会议召开未进行，则撤销会议召开。如果会议已进行，则返回失败消息（图中未列出）。

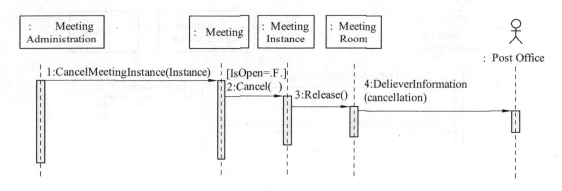

图 9-21　撤销会议召开的顺序图

（4）用例：申请会议召开（Request Meeting Instance）的顺序图。

用户申请一个会议召开时，应该指定会议召开的名称，召开的时间，以及会议参加人员。图 9-22 中 instance、member、group、room、info 都是临时对象，instance 记录了用户指定的会议属性（时间、参加人数等），member 为一个参会代表，是 Attendee group 参会人员组的对象；而 room 是满足要求的会议室。

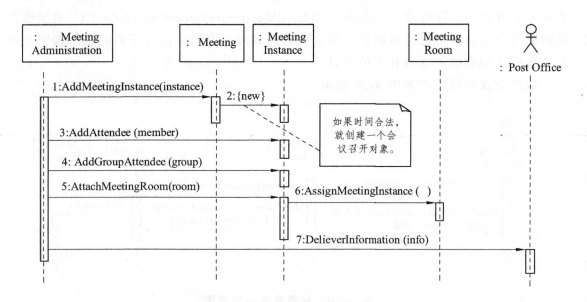

图 9-22　撤销会议召开的顺序图

## 9.5.2　合作图

对于简单的对象交互情况，顺序图可以作很好的描述，可是，当交互对象数目增加，交互情况复杂时，顺序图就很难描述清楚了，可用合作图来描述。

合作图描述了系统中所有对象之间的交互合作关系，注重对象之间的整体交互情况，交互关系由消息流来表示。在 Rose 中，还可以将顺序图与合作图进行转换。本案例不再给出合作图。

### 9.5.3 活动图

活动图模型主要用于描述系统在问题域空间中的活动流程，活动图可以方便地描述系统中的并发活动。由于本例中并没有复杂的并发活动，而且也没有明显的基于核心的、具有复杂状态和行为的对象，所以可以不必画出合作图和活动图。

# 参考文献

[ 1 ] [美]里德. JAVA 与 UML 协同应用开发[M]. 郭旭, 译. 北京: 清华大学出版社, 2003.

[ 2 ] John W.Satzinger Robert B.Jackson Stephen D.Burd. 系统分析与设计[M]. 3 版. 李芳, 等, 译. 北京: 电子工业出版社, 2006.

[ 3 ] Gary Police, Liz Augustine, Chris Lowe, Jas Madhur. 小型团队软件开发——以 RUP 为中心的方法[M]. 宋锐, 等, 译. 北京: 中国电力出版社, 2004.

[ 4 ] Alistair Cockburn. 编写有效用例[M]. 王雷, 等, 译. 北京: 机械工业出版社, 2002.

[ 5 ] Steve Adolph, Paul Bramble. 有效用例模式[M]. 车立红, 译. 北京: 清华大学出版社, 2003.

[ 6 ] Joey F.George Dinsh Batra Joseph S.Valacich Jeffrey A.Hoffer. 面向对象的系统分析与设计[M]. 梁金昆, 译. 北京: 清华大学出版社, 2005.

[ 7 ] Roger S.Pressman. 软件工程: 实践者的研究方法[M]. 5 版. 梅宏, 译. 北京: 机械工业出版社, 2005.

[ 8 ] Kendall Scott. 统一过程精解[M]. 付宇光, 朱剑平, 译. 北京: 清华大学出版社, 2005.

[ 9 ] 张海藩. 软件工程[M]. 北京: 人民邮电出版社, 2005.

[10] Shari Lawrence Pfleeger. 软件工程理论与实践（英文影印版）[M]. 3 版. 北京: 高教出版社, 2006.

[11] Stephen R.Schach. 面向对象与传统软件工程——统一过程的理论与实践[M]. 韩松, 邓迎春, 译. 北京: 机械工业出版社, 2006.

[12] 贾洞. 软件工程教程[OL]. http://www.docin.com/p-1047629029.html.

[13] 韩万江. 软件工程案例教程[M]. 北京: 机械工业出版社, 2007.

[14] Ian Sommerville. 软件工程[M]. 6 版. 程成, 陈霞, 等, 译. 北京: 机械工业出版社, 2003.

[15] 林锐. 软件工程与项目管理解析[M]. 北京: 电子工业出版社, 2003.

[16]    Doug Rosenberg，Kendall Scott. 用例驱动的 UML 对象建模应用——范例分析
        [M]. 管斌，袁国忠，译. 北京：人民邮电出版社，2005.

[17]    温昱. 软件架构设计[M]. 北京：电子工业出版社，2007.

[18]    刘韬，楼兴华. SQL Server2000 数据库系统开发实例导航[M]. 北京：人民邮电
        出版社，2004.

[19]    丁宝康，董健全. 数据库实验教程[M]. 北京：清华大学出版社，2003.

[20]    王兴晶，赵万军，等. Visual Basic 软件项目开发实例[M]. 北京：电子工业出版
        社，2004.